Psychologie und Körpersprache im Job

Frank Becher

Psychologie und Körpersprache im Job

Überzeugend auftreten und kommunizieren

1. Auflage

Haufe Group
Freiburg · München · Stuttgart

Bibliografische Information der Deutschen Nationalbibliothek

Die Deutsche Nationalbibliothek verzeichnet diese Publikation in der Deutschen Nationalbibliografie; detaillierte bibliografische Daten sind im Internet über http://dnb.dnb.de/ abrufbar.

Print:	ISBN 978-3-648-14704-7	Bestell-Nr. 10589-0001
ePub:	ISBN 978-3-648-14707-8	Bestell-Nr. 10589-0100
ePDF:	ISBN 978-3-648-14709-2	Bestell-Nr. 10589-0150

Frank Becher
Psychologie und Körpersprache im Job
1. Auflage, Dezember 2020

www.haufe.de
info@haufe.de

Bildnachweis (Cover): ©Trueffelpix, Adobe Stock

Produktmanagement: Dr. Bernhard Landkammer
Lektorat: Alexander Kurz, Redaktionsbüro Kurz, Stuttgart

Für
Kathrin Magdalena Huber

sowie
Nina Fischer, Alexandra Meindl, Jeannine Norgauer,
Volker Bauer und Andreas Schneid

In diesem Buch finden Sie bei Personenbezeichnungen lediglich die männliche Schreibweise vor, wobei jeweils alle Geschlechter gemeint sind. Dies geschieht allein aus Gründen der einfacheren Lesbarkeit. Der gesamte Text ist im Sinne der Gleichberechtigung und -behandlung aller Menschen verfasst.

Inhaltsverzeichnis

Vorwort

Sich seiner selbst und der Erwartungen des Gegenübers bewusst zu sein sowie auf dieser Grundlage überzeugend auftreten und kommunizieren zu können, ist ein entscheidender Faktor im Berufsleben.

In diesem Zusammenhang sind sowohl psychologische als auch körpersprachliche Aspekte von großer Bedeutung, um sich in Interaktionssituationen zielführend zu verhalten.

Dieses Buch behandelt Thematiken der Psychologie und der Körpersprache, die helfen, sich selbst zu reflektieren und die eigene Wirkung auf andere Personen zu stärken. Darüber hinaus verdeutlicht es, dass und wie sich das Innere bzw. die Psyche eines Menschen körpersprachlich nach außen zeigt.

Das Buch bietet relevante Inhalte, die verständlich und praxisbezogen dargestellt sind. Dazu werden etablierte Ansätze kompakt und nachvollziehbar erläutert, woraufhin stets Ableitungen für die praktische Anwendung folgen. Zudem lassen die enthaltenen Querverweise Zusammenhänge deutlich werden, die das Gesamtverständnis fördern.

Der Ratgeber stellt allen, die ihr Auftreten und ihre Kommunikation im Beruf reflektieren und verbessern wollen, fundierte Informationen in übersichtlicher Gestaltung zur Verfügung.

Dr. Monika Weiderer

Prof., Dr. phil., Dipl.-Psych., Dipl.-Päd.
Professorin für Psychologie – Ostbayerische Technische Hochschule Regensburg

Hinweise zum Aufbau des Buchs

Dieses Buch bietet Ihnen Inhalte aus den Themenbereichen Psychologie und Körpersprache. So können Sie auf der Grundlage der Auseinandersetzung mit Ihrer Persönlichkeit und Ihrer Wirkung auf andere Menschen überzeugender auftreten und kommunizieren. Um Ihre Überzeugungswirkung zu steigern, werden Ansätze behandelt, die Sie dabei unterstützen, bei Ihren Interaktionen bewusster, verständlicher, souveräner, glaubwürdiger und zielgerichteter zu agieren und zu reagieren.

Das Buch ist in die drei Teile seines Titels »Psychologie und Körpersprache im Job« gegliedert: Im ersten Teil »Psychologie« finden Sie relevante Grundlagen dargestellt. Diese bilden die Basis für die nachfolgenden Ausführungen. Der zweite Teil »Psychologie und Körpersprache« geht näher auf psychische und nonverbale Faktoren ein. Das dient Ihnen als Orientierung für Ihr überzeugendes Auftreten. Darüber hinaus wird auch die Verbundenheit der beiden behandelten Themenbereiche ersichtlich. Der dritte Teil »Psychologie und Körpersprache im Job« führt die vorhergehenden Darstellungen weiter und ergänzt diese um zusätzliche Inhalte. Das schließt umfangreiche Erläuterungen zur Thematik der Kommunikation mit ein. Zudem erfahren Sie, wie sich psychologische und körpersprachliche Aspekte in verschiedenen beruflichen Bereichen anwenden lassen. Überdies werden Ihnen mögliche Herangehensweisen aufgezeigt, um sich gegebenenfalls in eine von Ihnen gewünschte Richtung weiterzuentwickeln.

Verwenden Sie das Buch so, wie es Ihnen am besten entspricht: Dazu können Sie es in klassischer Weise von Anfang bis Ende durchgehen oder auch individueller, nach Ihrem thematischen Interesse und Bedarf, für sich nutzen.

Es geht für Sie nicht darum, allen angeführten Ansätzen mit deren jeweiligen Ableitungen für Ihr Auftreten und Ihr Kommunizieren zu folgen. Sinnvoller und machbarer erscheint es, die behandelten Inhalte erst einmal zu überdenken. Daraufhin können Sie sich mit den Aspekten näher auseinandersetzen bzw. diejenigen nach und nach bearbeiten, die Sie für sich als relevant erachten.

Sie finden an vielen Stellen Hinweise auf vertiefende und weiterführende Informationen mit den betreffenden Gliederungsüberschriften und -nummern. Diese können Sie nachverfolgen, wenn Sie die jeweiligen Thematiken noch nicht kennen oder wiederholen wollen.

Darüber hinaus sind die Inhalte des Buchs komprimiert und fokussiert dargestellt. Falls Sie sich für einzelne Themen spezieller interessieren, dient Ihnen das angefügte Literaturverzeichnis als erste Orientierung für Ihre weitere Recherche. Das bietet sich insbesondre an, wenn Autorennamen bzw. Quellen genannt sind, deren Inhalte Sie nachvollziehen möchten.

Abschließend sei noch auf fünf Punkte verwiesen:

1. Viele der in diesem Buch behandelten Thematiken können Sie auch auf Ihr Privatleben übertragen.
2. Jeder Mensch ist einzigartig und komplex. Deshalb greifen die dargestellten Ansätze, Theorien und Modelle für eine vollständige Erläuterung, Analyse etc. stets zu kurz. Sie sind jedoch sehr wertvoll, um abstrakte Sachverhalte zu erläutern und Orientierung zu geben.
3. Im Hinblick auf die Individualität jeder Person spielen auch angeborene Aspekte eine Rolle. Das wird in diesem Buch jedoch aus zwei Gründen nicht explizit behandelt: Zum einen könnte man dem weitläufigen Bereich der Genetik sowie möglicher genetischer Besonderheiten und Unterschiede in diesem Rahmen nicht gerecht werden. Zum anderen handelt es sich um Gegebenheiten, die im Vorhinein selbst nicht zu beeinflussen und im Nachhinein in der Regel nur in einem sehr eingeschränkten Maße zu verändern sind.
4. Auf kulturelle bzw. interkulturelle Aspekte und Besonderheiten wird innerhalb der Ausführungen zu den einzelnen Thematiken ebenfalls nicht eingegangen. Um hier fundierte Informationen zu bieten, müsste jeweils detailliert auf Kulturen und Subkulturen Bezug genommen werden. Auch das würde den Umfang des Buchs überschreiten.
   Allerdings finden Sie dieses Thema bei den Erläuterungen zu den interkulturellen Aspekten (Kap. 9.6) gesondert dargestellt. Das soll Ihnen Orientierung geben, um diesbezüglich Ableitungen für Ihre eigene berufliche Situation vorzunehmen.
5. Grundsätzlich betrachtet ist es für Sie möglich, die behandelten Inhalte allein oder mit Beteiligung anderer Personen aus Ihrem Umfeld zu reflektieren. Daraufhin können Sie für sich relevante Themenbereiche weiter vertiefen und sich in eine von Ihnen angestrebte Richtung entwickeln. Hierbei erweisen sich auch zusätzliche Informationen aus dem Internet oder aus Büchern hilfreich.

Darüber hinaus sind an manchen Stellen Hinweise eingebracht, die an die Möglichkeit der Unterstützung durch professionell ausgebildete Fachleute erinnern. Dies lässt sich für Sie in Form von Wissensvermittlung, Übung sowie persönlicher Beratung und Begleitung in Seminaren und Coachings gut umsetzen. Ein derartiges Vorgehen erscheint insbesondere bei Thematiken ratsam, die sich sehr intensiv mit Aspekten der Persönlichkeit beschäftigen, selbst nur schwer wahrzunehmen sind und/oder Detailwissen und Erfahrung verlangen.

Begriffserläuterungen

Nachfolgend finden Sie die Begriffe »Psychologie« und »Körpersprache« erläutert. Hierbei wird deren Verbundenheit deutlich, die darin begründet ist, dass sich innere bzw. psychische Aspekte körpersprachlich nach außen zeigen. Das dient Ihnen zur Orientierung für die weiteren Ausführungen:

- »Gängige Definitionen der ›Psychologie‹ verwenden zwei zentrale Begrifflichkeiten zur Kennzeichnung der Inhalte der Psychologie: Sie beschreiben Psychologie als die *Lehre vom Erleben und Verhalten des Menschen.* Die Erlebenskomponente umfasst dabei sowohl kognitive als auch emotionale Komponenten. Es werden sowohl allgemeine Gesetzmäßigkeiten (Allgemeine Psychologie) als auch Unterschiede zwischen einzelnen Menschen (Differentielle Psychologie) im Erleben und Verhalten sowie von der Norm abweichendes Erleben und Verhalten (insbes.: Klinische Psychologie) mit eingeschlossen« (Markus A. Wirtz und Janina Strohmer, 2020, S. 16).
- »Körpersprache, die: *in Körperhaltung, -bewegung, Gestik, Mimik sich ausdrückende psychische Konstitution, Gestimmtheit*« (Meyers Lexikonredaktion, 1986, Band 17, S. 1559).
- »Körpersprache, das nichtverbale Ausdrucksverhalten. Man unterscheidet zw. Verhaltensweisen, die mittelbar der Sprache zugerechnet werden können (z. B. Qualität der Stimme, Stimmhöhe, ›Versprecher‹), und motor. Ausdrucksverhalten (z. B. Mimik, Gestik, Körperhaltung und -bewegung, räuml. Distanzverhalten). Wird der Körper in kommunikativer Absicht eingesetzt, so spricht man von nonverbaler oder → nichtverbaler Kommunikation« (Brockhausredaktion, 2006, Band 15, S. 582).

In Weiterführung der obigen Darstellungen beinhaltet dieses Buch psychologische und körpersprachliche Aspekte, die dazu dienen, beim beruflichen bzw. wirtschaftlichen Handeln in überzeugender Art aufzutreten und zu kommunizieren. Dabei ist »überzeugend« im Sinne einer bewussten, verständlichen, souveränen, glaubwürdigen sowie an der eigenen Zielsetzung und dem Interaktionspartner ausgerichteten Weise gemeint.

Psychologie

1 Einführendes zum Teilbereich Psychologie

Warum sind Sie so, wie Sie sind? Und warum sind die anderen jeweils so, wie sie sind?

Jeder Mensch ist anders. Das zeigt sich z. B. bei Körpergröße und -form, Charaktereigenschaften, Verhaltensweisen, Vorlieben, Ängsten, Hoffnungen, Überzeugungen sowie Standpunkten.

Grundlegend betrachtet ist diese Einzigartigkeit das Ergebnis aus individuell angeborenen Gegebenheiten, verschiedenartigen Einflüssen aus der Umwelt und unterschiedlich ablaufenden inneren bzw. psychischen Prozessen. Darüber hinaus entwickelt und verändert sich ein Mensch im Laufe seines Lebens.

Aus diesen Gründen sind auch das Auftreten und das Interaktionsverhalten jeder Person individuell. Zudem wirkt sich die menschliche Verschiedenheit auf viele berufliche Bereiche aus: Beispielsweise werden Ihre Reden, Präsentationen, Verhandlungen, Verkäufe, Beratungen, Konfliktlösungen usw. überzeugender, wenn Sie sich und Ihre Kommunikation auf Ihre Gegenüber einstellen. Damit ist gemeint, dass Sie deren jeweilige Bedürfnisse und Eigenheiten berücksichtigen. Das gilt ebenso für das Motivieren und das Führen anderer. Überdies lässt Sie die Beschäftigung mit der Einzigartigkeit jedes Menschen insgesamt bewusster und entspannter mit sich selbst und mit anderen Personen umgehen.

2 Sozialisation und Entwicklung – richtunggebend und nachhaltig

Mit Blick auf die vorhergehend dargestellten Ursachen der Einzigartigkeit jedes Menschen können Sie Ihnen Angeborenes kaum verändern. Auf innere bzw. psychische Prozesse wird zudem noch im weiteren Verlauf eingegangen.

Vor diesem Hintergrund finden Sie nachstehend die Thematiken der Sozialisationsebenen und der Entwicklungsphasen behandelt. Die Ausführungen zeigen Ihnen überblicksartig auf, wie gewichtig äußere Einflüsse Ihre Persönlichkeit formen und wie sich ein Mensch während seiner Lebensspanne entwickelt und verändert. Das beeinflusst auch Ihr Auftreten und Ihr Kommunikationsverhalten. Dabei wird ebenfalls ersichtlich, dass bereits sehr frühe Einflüsse eine Richtung vorgeben und dass sich diese Erfahrungen ein Leben lang mehr oder weniger stark auswirken können. Damit bilden die beiden folgenden Themen die Ausgangsbasis für die weiteren Ansätze, Modelle und Ableitungen in diesem Buch.

2.1 Sozialisationsebenen – was formt

Sie setzen sich, wie jeder Mensch, zeit Ihres Lebens bewusst oder unbewusst mit Ihrer Umwelt und sich selbst auseinander. Das führt bei Ihnen beispielsweise zu Reaktion, Aktion, Einordnung und Anpassung, was sich auch auf Ihren Auftritt und Ihre Art zu kommunizieren auswirkt. Die folgenden Darstellungen zeigen Ihnen hierzu grundlegende Einflussfaktoren auf.

Die vier Ebenen der Sozialisationsbedingungen:

1. Gesamtgesellschaft
2. Institutionen
3. Interaktionen und Tätigkeiten
4. Subjekt

Beispiele zu den Ebenen der Sozialisationsbedingungen. Mit Ausnahme der Nummerierung sind das Modell und die Beispiele nach Klaus-Jürgen Tillmann (2017, S. 23), angelehnt an Dieter Geulen und Klaus Hurrelmann (1980), wiedergegeben. Dabei nimmt die Hierarchie mit fortlaufender Nummerierung ab. Zudem sind die Ebenen nicht trennscharf voneinander abzugrenzen, sondern beeinflussen sich gegenseitig:

1. *Gesamtgesellschaft*
   Z. B.: ökonomische, soziale, politische und kulturelle Struktur

2. *Institutionen*
   Z. B.: Betriebe, Massenmedien, Schulen, Universitäten, Militär und Kirchen

3. *Interaktionen und Tätigkeiten*
   Z. B.: Eltern-Kind-Beziehungen; schulischer Unterricht; Kommunikation zwischen Gleichaltrigen, Freunden und Verwandten

4. *Subjekt*
   Z. B.: Erfahrungsmuster, Einstellungen, Wissen, emotionale Strukturen und kognitive Fähigkeiten

Praktische Ableitungen für Sie:

Wie jeder Mensch auf dieser Welt leben Sie und entwickeln Sie sich in einer Gesamtgesellschaft mit deren jeweiligen übergeordneten Strukturen und Ausrichtungen. Neben vielen anderen bzw. auch hierzu völlig gegensätzlichen Möglichkeiten können das beispielsweise Aspekte wie Leistung, Entwicklung, Wettbewerb, Gewinnstreben, Soziale Marktwirtschaft, Demokratie und Gleichberechtigung sein.

Diese Faktoren geben die grundlegende Richtung vor und werden Ihnen, neben Fachwissen sowie weiteren Informationen, Werten und Normen, durch Institutionen direkt oder indirekt vermittelt. Sie kommen damit z. B. in Ihrer Schul-, Ausbildungs- und Studienzeit, an Ihrem Arbeitsplatz sowie beim Nutzen von Medien in Kontakt.

Bei Ihren Interaktionen und Tätigkeiten mit Ihren Eltern, Lehrern, Freunden usw. spielen diese Dinge ebenfalls eine bedeutende Rolle. Das wird noch durch die jeweiligen Ansichten, Standpunkte, Meinungen, Erziehungsstile, Verhaltensweisen etc. dieser Menschen ergänzt.

All das wirkt auf Sie ein, beeinflusst und formt Sie nachdrücklich. Umso mehr, wenn Sie in dieser Gesellschaft und diesem Umfeld aufgewachsen sind. Sie setzen sich damit auf Ihre individuelle Art auseinander, machen Ihre Erfahrungen und entwickeln daraus Ihre eigene Sicht auf die Welt.

Die äußeren Einflüsse tragen demnach stark zur Formung Ihrer Persönlichkeit bei. Das wirkt sich wiederum auf Ihren Auftritt und Ihr Kommunikationsverhalten aus.

2.2 Entwicklungsphasen – vom Wachsen und Werden

Die Entwicklung eines Menschen ist in ihren Grundzügen systematisierbar. Nachstehend finden Sie hierzu eines der bekanntesten Modelle angeführt. Es bietet Ihnen einen Grobüberblick über den Lebenszyklus und lässt Sie Einflüsse auf Ihr Auftreten und Ihr Interagieren erkennen.

Die acht wichtigsten Phasen der psychosozialen Entwicklung (psychosoziale Krisen) – nach Erik H. Erikson (2017, 2016, 1966):

1. Urvertrauen vs. Urmisstrauen – *Säuglingsalter*
2. Autonomie vs. Scham und Zweifel – *frühe Kindheit*
3. Initiative vs. Schuldgefühl – *Spielalter*
4. Werksinn vs. Minderwertigkeitsgefühl – *Schulalter*
5. Identität vs. Identitätsdiffusion – *Adoleszenz*
6. Intimität vs. Isolation – *frühes Erwachsenenalter*
7. Generativität vs. Stagnation – *Erwachsenenalter*
8. Integrität vs. Verzweiflung – *Alter*

Erläuterungen zu den Phasen der psychosozialen Entwicklung. Hierbei stellt das erfolgreiche Bewältigen jeder Stufe bzw. Krise die Basis für die folgende dar:

1. *Urvertrauen vs. Urmisstrauen – Säuglingsalter*
   Der Säugling bildet durch die Erfahrungen mit der Bindungsperson ein grundlegendes Ver- oder Misstrauen aus. Dabei geht es um Verlässlichkeit hinsichtlich seiner Bedürfnisse wie Nahrung, Nähe, Schutz etc.

2. *Autonomie vs. Scham und Zweifel – frühe Kindheit*
   Das frühe Kind entwickelt Fähigkeiten wie das Sprechen, das Gehen und die Stuhlkontrolle. Es erfährt seine Eigenständigkeit und möchte Dinge teilweise selbst machen. Zudem formen sich Scham und Zweifel, die durch zu viele Maßregelungen und Überforderung begünstigt werden.

3. *Initiative vs. Schuldgefühl – Spielalter*
   In diesem Alter probiert das Kind gesellschaftliche Rollen aus, was vorzugsweise in spielerischer Form stattfindet. Es entwickelt Initiative oder, z. B. wenn auf sein Verhalten zu negativ reagiert wird, Schuldgefühle. Des Weiteren bildet sich das Gewissen aus und die Auseinandersetzung mit seinem Geschlecht beginnt.

4. *Werksinn vs. Minderwertigkeitsgefühl – Schulalter*
   Jetzt möchte das Kind beobachten können, Anleitung bekommen und mitmachen dürfen. Dafür sollte insbesondere die Schule eine Plattform bieten. Vor diesem Hintergrund gewinnen Aspekte wie Kompetenz, Leistung und Nützliches zu tun, an Bedeutung. Hierbei wirken sich Über- und Unterforderung negativ aus, da sie Minderwertigkeitsgefühle stärken.

5. *Identität vs. Identitätsdiffusion – Adoleszenz*
   Der Jugendliche formt seine Identität aus, was viele Bereiche betrifft: Beispiele sind das Verhältnis zu sich selbst, zu anderen Menschen und der Gesellschaft, das Rollen- und das Sexualverhalten sowie Moral, Werte und Standpunkte. Dazu kommen gewichtige körperliche Veränderungen sowie Aspekte der beruflichen Orientierung. Das unzureichende Bewältigen dieser Veränderungen, Neuerungen und Herausforderungen bringt eine weniger gefestigte Identität mit sich.

6. *Intimität vs. Isolation – frühes Erwachsenenalter*
   In dieser Phase verzichtet der Mensch auf einen Teil seiner Eigenständig- und Unabhängigkeit, wofür gefestigte Bindungen mit anderen wichtiger werden. Das betrifft neben dem Bereich Partnerschaft und Liebe z. B. auch Familie und Freunde sowie berufliche Kontakte. Eine geringere Ausprägung dieser Entwicklungen fördert die Isolation.

7. *Generativität vs. Stagnation – Erwachsenenalter*
   Der Erwachsene bildet ein Bedürfnis aus, sich für die nachfolgende Generation einzusetzen. Das beinhaltet eigene Kinder und/oder Lehr-, Unterstützungs- und

Fürsorgehandlungen. Findet dies zu wenig ausgeprägt statt, begünstigt das die (gefühlte) Stagnation.

8. *Integrität vs. Verzweiflung – Alter*
   Im Alter blickt der Mensch in Anbetracht seiner Sterblichkeit auf sein Leben zurück. Kommt er mit sich und seiner Vergangenheit ins Reine, können sich Zufriedenheit und Ruhe einstellen. Dagegen nährt eine negative Bewertung die Furcht vor dem Tod und die Verzweiflung.

Praktische Ableitungen für Sie:

Alle acht Phasen beinhalten zu bewältigende Herausforderungen. Inwieweit das jeweils gelingt, nimmt Einfluss auf Ihre weitere psychosoziale Entwicklung.

Dabei spielt die Thematik des Vertrauens, insbesondere Ihres Selbstvertrauens, eine gewichtige Rolle. Hierfür werden bereits in der ersten Phase Ihres Lebens entscheidende Grundlagen gebildet bzw. Weichen gestellt. Siehe dazu eventuell die Ausführungen zum Themenbereich Vertrauen (Kap. 4) und/oder spezieller zum Selbstvertrauen (Kap. 4.1).

Falls Sie aus der gegenwärtigen Betrachtung der Ansicht sind, dass Sie im Hinblick auf das Bewältigen bestimmter Phasen Defizite aufweisen, haben Sie verschiedene Möglichkeiten einzuwirken: Beispiele hierfür sind Selbstreflexion und Eigenarbeit, Coaching sowie Therapie.

Die Phasen Ihrer psychosozialen Entwicklung beeinflussen Ihre Persönlichkeit, was wiederum Auswirkungen auf Ihr Auftreten und Ihr Kommunikationsverhalten hat.

Psychologie und Körpersprache

3 Einführendes zum Teilbereich Psychologie und Körpersprache

Dieses Buch bietet Ihnen Orientierung, um sich über sich selbst bewusster zu werden und auf dieser Grundlage überzeugender aufzutreten und zu kommunizieren. Das beinhaltet zwei auf den ersten Blick unterschiedliche Herangehensweisen: So finden Sie zum einen psychologische Ansätze, um Ihre Persönlichkeit zu reflektieren und zu stärken. Zum anderen erhalten Sie Informationen zur Körpersprache, die Sie nach außen überzeugender wirken lassen.

Bei genauerer Betrachtung sind diese beiden Ansätze jedoch miteinander verbunden. Der Grund dafür ist, dass sich Ihr Inneres bzw. Ihre Psyche körpersprachlich nach außen zeigt. Siehe dazu bei Interesse ebenfalls die angeführten Begriffserläuterungen in diesem Buch.

Ihr Auftreten und Ihre Wirkung auf andere Menschen hängen demnach stark mit Ihrer Persönlichkeit zusammen. Das beinhaltet beispielsweise Themen wie Ihr Selbstvertrauen und Ihre Einstellungen gegenüber sich, den anderen und dem Leben. Umgekehrt beeinflussen positive wie negative äußere Rückmeldungen bezüglich Ihres Auftretens auch Ihre Psyche. Das ist zumindest bei den meisten Menschen der Fall, besonders wenn sich das dahingehende Feedback von außen häuft.

Vor diesem Hintergrund erscheint es sinnvoll, die Thematik des überzeugenden Auftretens von innen und außen anzugehen. Dazu sind nachfolgend relevante Inhalte aus den Bereichen der Psychologie und der Körpersprache dargestellt. Dabei wird deren Verbindung besonders innerhalb der Ausführungen zur sogenannten Transaktionsanalyse deutlich.

Darüber hinaus bieten Ihnen diese Erläuterungen zu Psychologie und Körpersprache auch mannigfaltige Ansatzpunkte, die Sie individueller auf Interaktionspartner eingehen sowie deren Bedürfnisse und Beweggründe besser erkennen lassen. Das eröffnet Ihnen ebenfalls viele Möglichkeiten, überzeugender aufzutreten und zu kommunizieren.

4 Vertrauen – essenzielles Phänomen

Ein gesundes Maß an Vertrauen ist eine wichtige Grundlage Ihres beruflichen Lebens, Auftretens und Kommunizierens, weil es viele Dinge vereinfacht oder erst ermöglicht. Hierbei liegt es im Wesen des Vertrauens, dass es auch enttäuscht werden kann. Trotz des Risikos bringt Ihnen Vertrauen viele Vorteile, da es beispielsweise

- noch fehlende Informationen sowie Unsicherheiten ausgleicht und so trotzdem agieren lässt;
- hilft, Kontrollaufwand und -kosten einzusparen;
- zu einem angenehmeren Arbeitsklima führt und die Zusammenarbeit erleichtert.

Vertrauen kann in verschiedene Ebenen unterteilt werden. Hierzu bietet Ihnen das nachstehende Modell einen Überblick.

Die sieben Ebenen des Vertrauens – nach Jeanette Hedwig Müller (2009, S. 169):

1. Vertrauen in die eigene Person
   (Selbstvertrauen, Selbst(ein)schätzung)
2. Vertrauen in Personen im näheren Umfeld
   (FreundInnen, Bekannte, KollegInnen, Familie)
3. Vertrauen in Personen im erweiterten Umfeld
   (Personen in ähnlichen Referenzsystemen, mit ähnlichen sozialen, fachlichen, kulturellen, ethischen Hintergründen)
4. Vertrauen in unbekannte Personen
   (Personen aus anderen Referenzsystemen, mit anderen sozialen, fachlichen, kulturellen, ethischen Hintergründen)
5. Vertrauen in Institutionen und Organisationen
   (Regelwerke, Unternehmen)
6. Vertrauen in Systeme
   (sozio-politische, sozio-ökonomische Systeme)
7. Vertrauen in größere Zusammenhänge
   (‚Überzeugungen', ‚Glaubenssätze', spirituelle Ausrichtungen)

Erläuterungen zu den Ebenen des Vertrauens. Dabei sind diese nicht trennscharf voneinander zu betrachten. Zudem lassen sie sich, mit Ausnahme der eher eigenständigen 7. Ebene, den in diesem Buch behandelten drei Vertrauensarten zuordnen:

1. Selbstvertrauen (Kap. 4.1) – *1. Ebene*
2. Zwischenmenschliches Vertrauen (Kap. 4.2) – *2. bis 4. Ebene*
3. Vertrauen in gesellschaftliche Systeme (Kap. 4.3) – *5. und 6. Ebene*

Diesbezüglich bietet Ihnen das Modell einen ergänzenden und detaillierteren Überblick. Darüber hinaus verdeutlicht es Ihnen die Bedeutung des Selbstvertrauens als Ausgangspunkt für die weiteren Ebenen bzw. Arten des Vertrauens.

Praktische Ableitungen für Sie:

Ihr Selbstvertrauen, zwischenmenschliches Vertrauen und Vertrauen in gesellschaftliche Systeme hängen miteinander zusammen: Dabei lässt Sie ein gefestigtes Vertrauen in sich selbst offener und sicherer wirken. Das ist eine gute Basis für Ihr Handeln sowie für Ihre Interaktionen mit anderen Personen. Dadurch können Sie diesen leichter vertrauen und bekommen auch mehr Vertrauen entgegengebracht. Dies wirkt sich wiederum positiv auf Ihr Systemvertrauen aus, da gesellschaftliche Systeme von Menschen repräsentiert werden. Das gilt sowohl für Ihre Kontakte mit derartigen Systemvertretern als auch, wenn Sie selbst als Repräsentant agieren.

Sich dieser Zusammenhänge bewusst zu sein, bietet Ihnen wertvolle Ansatzpunkte für Ihr überzeugendes Auftreten und Kommunizieren.

Nachstehend finden Sie zuerst die Themen Selbstvertrauen, zwischenmenschliches Vertrauen und Vertrauen in gesellschaftliche Systeme behandelt. Anschließend folgen Ausführungen zum Vertrauensaufbau und -verlust sowie zu den ergänzenden Aspekten der Hoffnung, der Kontrolle und des Misstrauens.

4.1 Selbstvertrauen – unser Fundament

Ihr Selbstvertrauen bezieht sich auf die Kraft, die Fähigkeiten, die Kompetenzen etc., die Ihnen selbst innewohnen. Dabei hat es gewichtige Auswirkungen auf Ihren Auftritt und Ihr Kommunikationsverhalten.

In diesem Zusammenhang ist die erste Phase der psychosozialen Entwicklung nach Erik H. Erikson (2017, 2016, 1966) von enormer Bedeutung: So entwickelt ein Säugling aufgrund seiner Erfahrungen mit der Bindungsperson ein elementares Urvertrauen oder Urmisstrauen. Diesem psychoanalytisch basierten Ansatz zufolge stellt das Urvertrauen die erste Komponente bzw. den Eckstein einer gesunden Persönlichkeit dar. Siehe hierzu gegebenenfalls die Ausführungen zu den Entwicklungsphasen (Kap. 2.2).

Nach dem Säuglingsalter haben Sie auch in Ihrer weiteren Kindheit und darüber hinaus Erfahrungen mit Bindungspersonen gemacht. Dabei weisen nach John Bowlby (2018) zahlreiche Aspekte und Untersuchungen darauf hin, dass das Vertrauen in die kontinuierliche Verfügbarkeit und Zugänglichkeit von Bindungsfiguren als Basis für die Entwicklung einer stabilen und selbstvertrauenden Persönlichkeit angesehen werden kann.

Praktische Ableitungen für Sie:

Sie hatten auf weite Teile der Entwicklung Ihres Selbstvertrauens keinen Einfluss, da Sie dafür zu jung waren: So entstand die Ausprägung Ihres Urvertrauens in Ihrem Säuglingsalter. Auch in den darauffolgenden Jahren wurde Ihre Vertrauensentwicklung stark von Ihren Erfahrungen mit Ihren Eltern, Erziehern, Lehrern usw. beeinflusst. In Ihrem Erwachsenenalter wirken diese Dinge nach und zeigen sich in Ihrem Selbstvertrauen.

Wenn Sie Ihre Kindheit und Jugend als positive Zeit erachten, aus der Sie innerlich gefestigt und in sich selbst vertrauend hervorgingen, haben Sie hier eine gute Basis. Falls Sie jedoch diesbezüglich mit bestimmten Aspekten hadern, sind Sie damit nicht allein. Viele Menschen wünschen sich, es wäre damals einiges anders gelaufen oder sie wären damit besser im Reinen. Dabei haben Sie als Erwachsener die Möglichkeit für sich allein, im Gespräch mit anderen und/oder mit professioneller Begleitung Gewesenes zu reflektieren und teilweise auszugleichen.

Ein konkreter Ansatz, um das Vertrauen in sich selbst zu stärken, kann gegebenenfalls darin liegen, übertriebenen inneren Antreibern entgegenzuwirken. Der Grund dafür ist, dass zu intensiv ausgeprägte Antreiber häufig nicht zu erfüllen sind und Sie so oftmals an Ihren eigenen inneren Maßgaben scheitern. Wenn Sie diese vorhersehbaren und unnötigen Misserfolge verringern bzw. vermeiden, wirkt sich das förderlich auf Ihr Selbstvertrauen aus. Siehe hierzu eventuell die Darstellungen zu den inneren Antreibern (Kap. 5.4) bei den Ausführungen zur Transaktionsanalyse. Zudem könnten als Ergänzung zur Thematik des Selbstvertrauens auch die Erläuterungen zu den inneren Grundeinstellungen (Kap. 5.6) für Sie von Interesse sein.

Darüber hinaus wirken sich Ihr Umgang mit sich selbst und Ihre Lebenssituation ebenfalls aus: Beispielsweise befördern gute Ernährung, ausreichend Schlaf, kraftspendende soziale Beziehungen, ein positives Arbeitsumfeld und berufliche Erfolge Ihre innere Stärke und Ihr Selbstvertrauen. Auch hier können Sie ansetzen, einwirken und aktiv mitgestalten.

Ein gefestigtes Selbstvertrauen führt zu mehr Gelassenheit und Souveränität. Es lässt Sie überzeugender wirken und Ihre Ziele besser erreichen. Aus diesen Gründen erscheint es für Sie sinnvoll, sich mit diesem Thema zu beschäftigen.

4.2 Zwischenmenschliches Vertrauen – erleichtert vieles

Ihr zwischenmenschliches Vertrauen bezieht sich auf Ihre Interaktionen mit anderen Personen. Hierbei beeinflusst es Ihren Auftritt und Ihr Kommunikationsverhalten.

Nachstehend finden Sie Grundzüge der zwischenmenschlichen Vertrauensentwicklung dargestellt. Den Hintergrund bildet die differentielle Vertrauenstheorie nach Martin K.W. Schweer. Der Ansatz bietet Ihnen eine gut nachvollziehbare Orientierung. Dabei sind die Ausführungen stark an Martin K.W. Schweer (2017, 2010, 1997a, 1997b, 1996) sowie an Martin K.W. Schweer und Barbara Thies (2008, 2005, 2003) angelehnt:

Jeder Mensch bringt mit Blick auf die Vertrauensthematik im Wesentlichen zwei Dinge mit in eine Interaktionssituation: Zum einen seine individuelle Überzeugung, inwieweit innerhalb eines bestimmten Lebensbereichs Vertrauen möglich bzw. realisierbar ist. Zum anderen seine Erwartungen an einen vertrauenswürdigen Interaktionspartner. Also die subjektive Vorstellung, wie ein Gegenüber sein bzw. sich verhalten sollte, damit ihm Vertrauen entgegengebracht werden kann.

Trifft der Mensch nun auf einen potenziellen Vertrauenspartner, findet der Anfangskontakt mit den Aspekten der Sympathie und der Antipathie statt. Dieser ist für den

Aufbau einer Vertrauensbasis von zentraler Bedeutung. Dabei kommt es zu einem Abgleich zwischen den eigenen vertrauensrelevanten Erwartungen und den wahrgenommenen Merkmalen des Gegenübers: Wenn das Verhalten des Interaktionspartners als übereinstimmend erlebt wird, bewirkt dies mit großer Wahrscheinlichkeit, dass sich das Vertrauen intensiviert. Wird das Verhalten des Gegenübers jedoch als nicht übereinstimmend erlebt, reduziert sich das Vertrauen oder geht verloren.

Diese Zusammenhänge finden unter dem Einfluss der situativen Rahmenbedingungen statt, wie z. B. der Beziehungsstruktur, der Machtverteilung, dem Grad der Freiwilligkeit, der zeitlichen Dauer und des organisationalen Umfelds.

Überdies seien noch zwei ebenfalls bedeutende Punkte angeführt: So beruht Vertrauen zum einen auf Gegenseitigkeit und entfaltet sich zum anderen über einen längeren Zeitraum hinweg.

Praktische Ableitungen für Sie:

Bei Ihren beruflichen Interaktionen wird das gemeinsame Handeln durch ein Fundament aus gegenseitigem Vertrauen wesentlich einfacher. Dazu ist es für Sie bedeutsam, sowohl selbst anderen Personen vertrauen zu können als auch bei anderen als vertrauenswürdig zu gelten. Wenn Sie sich in einem oder beiden dieser Aspekte entwickeln wollen, dienen Ihnen die folgenden Ausführungen als Orientierung.

Um anderen Menschen mehr zu vertrauen, ist Selbstreflexion hilfreich. So können Sie Ihre Überzeugungen überdenken, inwieweit innerhalb der beruflichen Bereiche, in denen Sie zukünftig stärker vertrauen möchten, das überhaupt möglich ist. Falls Sie erkennen, dass Sie Vertrauen in diesen Kontexten beispielsweise als eher unangebracht, unrealistisch oder zu gefährlich erachten, erscheint es sinnvoll, hier anzusetzen. Eine Möglichkeit wäre, dass Sie sich an Personen orientieren, die anderen in diesem Umfeld vertrauen und damit erfolgreich sind. Darauf aufbauend probieren Sie das dann selbst nach und nach immer mehr umzusetzen.

Des Weiteren sollten Sie Ihre Erwartungen an einen vertrauenswürdigen Interaktionspartner überdenken: Sind die z. B. zu hoch bzw. zu idealistisch, können Sie versuchen, diese realistischer zu gestalten. Bringen Sie dazu bewusst auch Menschen, die Ihren diesbezüglichen Vorstellungen nicht ganz entsprechen, Vertrauen entgegen. Wenn Sie damit gute Erfahrungen machen, weiten Sie das im Laufe der Zeit aus.

Um das Vertrauen anderer zu erlangen, ist es für Sie wichtig, sich in deren Augen vertrauenswürdig zu verhalten. Versetzen Sie sich dazu in die jeweilige Person mit ihren Bedürfnissen und Erwartungen. Dann berücksichtigen Sie diese bei Ihrer Interaktion. Siehe weiterführend eventuell ebenfalls die Darstellungen zum Vertrauensaufbau (Kap. 4.4). Beachten Sie in diesem Zusammenhang bei Ihnen unbekannten Personen insbesondere die Bedeutung bzw. die Chancen des Anfangskontakts und des ersten Eindrucks. Überdies ist es für Sie zweckmäßig, die situativen Rahmenbedingungen zu bedenken und, wenn möglich, in Ihrem Sinne vertrauensförderlich zu gestalten.

Weil Vertrauen auf Gegenseitigkeit beruht, stehen die beiden hier behandelten Aspekte miteinander in Beziehung: Sie erhalten Vertrauen wesentlich wahrscheinlicher, wenn Sie es auch selbst geben. Zudem sollten Sie vertrauenserweisende und vertrauenswürdige Verhaltensweisen konstant auf längere Sicht zeigen, da Vertrauen Zeit braucht, um zu wachsen.

Es geht demnach um das Erkennen des eigenen Verhaltens sowie um bewusstes Auftreten und Kommunizieren.

4.3 Vertrauen in gesellschaftliche Systeme – bringt Sicherheit

Ihr Vertrauen in gesellschaftliche Systeme ist auf Organisationen, Unternehmen, Institutionen usw. bezogen. Dabei stehen viele Dinge miteinander in Verbindung und üben Einfluss aus. Das schafft für Sie, wie für jeden Menschen, nur schwer bis gar nicht zu überblickende und zu kontrollierende Systeme aus Regeln, Abläufen, Kompetenzen, Ansprechpartnern, Interessen, Vereinbarungen, Abhängigkeiten etc. Dies hat Auswirkungen auf Ihren Auftritt und Ihre kommunikativen Herangehensweisen. Hier spielt Vertrauen eine gewichtige Rolle, da es vieles vereinfacht.

Vertrauen reduziert nach Niklas Luhmann (2014) die Komplexität der Handlungsmöglichkeiten. Hierzu werden mangelnde äußere Informationen durch innere, aus der Vergangenheit stammende, Informationen ersetzt. Zudem bleiben auch bestimmte Entwicklungsmöglichkeiten, wie z. B. unauflösbare Gefahren, unberücksichtigt. Auf dieser Grundlage wird dann eine Zukunftsbestimmung riskiert. Dadurch schafft das Vertrauen Handlungsfähigkeit, erleichtert Entscheidungen und unterstützt beim eigentlichen Tun.

Darüber hinaus kann eine Einzelperson ein derartiges Ausmaß an Komplexität nicht direkt für sich nutzen. Dazu muss es ihr reduziert, vereinfacht und zurechtgemacht entgegengebracht werden. Das bedeutet für die Person, auf fremd verarbeitete Informationen zu bauen. Hierfür ist Systemvertrauen erforderlich.

Ihr Vertrauen in gesellschaftliche Systeme überschneidet sich teilweise mit Ihrem zwischenmenschlichen Vertrauen. Der Grund dafür ist, dass das jeweilige System nach innen und außen durch Menschen vertreten wird. Dabei muss der Kontakt nicht unbedingt persönlich von Angesicht zu Angesicht stattfinden. Das kann beispielsweise ebenfalls per Telefon, auf (elektronisch-)schriftlichem Weg oder durch Massenmedien geschehen.

Weiterführend spielen bei Ihrem Vertrauen in gesellschaftliche Systeme auch deren jeweilige Werte, Normen, Regeln, Leitbilder usw. sowie deren Einhaltung eine maßgebliche Rolle.

Praktische Ableitungen für Sie:

Im Rahmen Ihrer beruflichen Tätigkeit arbeiten Sie in, für und mit gesellschaftlichen Systemen bzw. deren Vertretern. Das machen Sie beispielsweise als Mitarbeiter, Führungskraft, Lieferant oder Kunde. Um dabei handlungsfähig zu sein sowie erfolgreich agieren und reagieren zu können, müssen Sie Systemvertrauen einbringen. Sie vertrauen also auf die Einhaltung der Werte, Normen etc., den Ihnen gebotenen Informationen sowie den Repräsentanten.
Das ist teilweise nicht ganz leicht, insbesondere wenn Sie dabei Dinge wahrnehmen, die Sie als bedenklich, falsch oder unredlich einstufen. Deshalb wird es sich in derartigen Kontexten wohl um ein eingeschränktes bzw. weniger intensives Vertrauen handeln.

Falls Sie selbst in Ihrer beruflichen Rolle ein System nach innen, z. B. in einer Führungsposition, oder nach außen, z. B. als Mitarbeiter im Außendienst, vertreten, sollten Sie auch zwischenmenschliches Vertrauen aufbauen. Der Grund dafür ist, dass viele Menschen das Vertrauen in den Repräsentanten mehr oder weniger direkt auf das System übertragen.

Es kann zudem sein, dass Sie bei Vertretern eines anderen oder Ihres eigenen Systems Vertrauen wecken und einen positiven Eindruck machen wollen. Das sind beispielsweise Situationen, in denen Sie sich bewerben, etwas verkaufen oder intern als führungsstark erkannt werden möchten. Dabei ist es für Sie ebenfalls von Bedeutung, sich diesen Personen gegenüber vertrauenswürdig zu verhalten.

Siehe hierzu bei Interesse auch ergänzend die Ausführungen zum zwischenmenschlichen Vertrauen (Kap. 4.2) sowie zum im Anschluss behandelten Vertrauensaufbau.

4.4 Vertrauensaufbau – es gewinnen

In Ihrem Berufsleben geht es häufig darum, das Vertrauen von Geschäftspartnern, Kunden, Vorgesetzten, Mitarbeitern etc. zu gewinnen. Das stärkt die zwischenmenschliche Beziehung und schafft so eine gute Ausgangsbasis für die weiteren gemeinsamen Aktivitäten. Dabei festigt sich das Vertrauen im Laufe der Zeit beispielsweise durch gezeigte Loyalität und Zuverlässigkeit, zusammen gemeisterte Projekte und Krisen sowie vereint erreichte Erfolge.

Beim Vertrauensaufbau spielt auch Ihre Reputation eine gewichtige Rolle: Einen guten Ruf zu haben und als vertrauenswürdig zu gelten, hilft ungemein, das Vertrauen von Personen zu erlangen. Umgekehrt wirkt ein schlechter Ruf sehr hinderlich.

Die nachstehenden Ausführungen bieten Ihnen Orientierung, um mit anderen Menschen vertrauenserweckend zu kommunizieren. Dabei verdienen die frühen Phasen Ihrer Gespräche besondere Aufmerksamkeit. Gerade hier sind vertrauensfördernder Smalltalk und/oder bewusster Vertrauensaufbau angebracht. Das stellt die Grundlage für die weitere Vertrauensbildung dar. Darauf aufbauend sollten Sie die folgende Kommunikation ebenfalls in diesem Sinne gestalten. Diese Vorgehensweise hat sich in der beruflichen Praxis bei der Mehrzahl der Gespräche, z. B. aus den Bereichen Verhandlung, Verkauf, Telefon, Messe und Zusammenarbeit, bewährt.

Vertrauenswürdige und nicht vertrauenswürdige Verhaltensweisen – sehr stark angelehnt an Jeanette Hedwig Müller (2009) sowie an Franz Petermann (2013), mit Bezug auf Rosemarie C. Rothmeier und David N. Dixon (1980):

- *Vertrauenswürdig*
  - Durchgängiger Blickkontakt
  - Aufrechte Sitzhaltung
  - Lediglich während der letzten fünf Minuten eines Treffens auf die Uhr sehen
  - Keine plötzlichen Themenwechsel

  - Verbales Widerspiegeln
  - Gezeigtes Interesse, über mehrere Treffen hinweg, hinsichtlich eines Themas, das für den Gesprächspartner wichtig ist
  - Durchgängig geduldige, akzeptierende sowie Interesse bekundende Haltung, die über mehrere Treffen in gleicher Art beibehalten wird
  - Verschwiegenheit bzw. dem Interaktionspartner in Gesprächen vermitteln, dass persönliche Aussagen nicht ohne seine Einwilligung weitergegeben wurden und werden
- *Nicht vertrauenswürdig*
  - Mangelnder Blickkontakt
  - Im Sessel herumlümmeln
  - Andauernde Blicke auf die Uhr
  - Mehrfache bzw. permanente plötzliche Themenwechsel

Vertrauensvolles Verhalten ist konsistent und vermittelt dem Gegenüber Zuversicht sowie Interesse an seiner Person.

Praktische Ableitungen für Sie:

Es erscheint für Sie sinnvoll, sich an die aufgelisteten Aspekte zu halten. Dabei geben diese eine Richtung vor: Im Grunde genommen geht es für Sie darum, sich über die Zeit hinweg beständig in positiver, wertschätzender sowie an Ihrem Gegenüber und dessen Themen interessierter Weise zu verhalten.

Das wirkt unter Umständen selbstverständlich und deshalb einfach umzusetzen. In Situationen, in denen Sie in Zeitdruck sind, selbst mehrere Themen einbringen wollen, unbedingt eine Entscheidung benötigen, schon einige Besprechungen hinter sich haben etc. kann das jedoch durchaus eine Herausforderung sein. Das gilt umso mehr, falls Sie dieses Verhalten als reine Technik betrachten, die Sie anwenden müssen, um Vertrauen zu generieren.

Es ist für Sie weniger anstrengend, wenn diese Art der Kommunikation ein Teil von Ihnen selbst geworden ist. Dazu müssen Sie unter Umständen Ihr Menschenbild und Ihr Wertesystem hinterfragen bzw. sich längere Zeit mit derlei Aspekten beschäftigen.

Unabhängig davon, ob Sie es als bloße Methode anwenden oder aus innerer Überzeugung zeigen, lässt Sie ein derartiges Verhalten vertrauenswürdiger auftreten.

Die vier Kategorien vertrauensvollen Verhaltens nach Franz Petermann (2013), angelehnt an John D. Krumboltz und Beverly Potter (1980):

1. Selbstexplorative Äußerungen
2. Hier-und-jetzt-Äußerungen
3. Bitte um Hilfe
4. Bitte um Feedback

Erläuterungen bzw. Beispiele zu den Kategorien vertrauensvollen Verhaltens:

1. *Selbstexplorative Äußerungen*
   Z. B.: zu Befindlichkeiten oder Eigenschaften von sich selbst sowie auch verbale Gefühlsäußerungen

2. *Hier-und-jetzt-Äußerungen*
   Z. B.: zu gegenwärtigen Zuständen, der Situation, dem Interaktionspartner und der Beziehung

3. *Bitte um Hilfe*
   Z. B.: direkt nach Hilfeleistungen fragen oder dazu auffordern

4. *Bitte um Feedback*
   Z. B.: zu Stellungnahme auffordern oder um Rückmeldung betreffs eigener Ansichten, Leistungen und Verhaltensweisen bitten

Praktische Ableitungen für Sie:

Mit derartigem Verhalten zeigen Sie sich in einer verletzlichen und angreifbaren Weise, was eine vertrauensförderliche Wirkung hat. Um das noch mehr zu verdeutlichen, finden Sie nun Beispiele aus einem Konfliktgespräch zwischen Kollegen:

1. *Selbstexplorative Äußerungen*
   Z. B.: »Mich beschäftigt das jetzt seit drei Wochen und es geht mir damit nicht wirklich gut.«

2. *Hier-und-jetzt-Äußerungen*
   Z. B.: »Das kann doch so nicht bleiben und wir wollen uns doch beide wieder in die Augen schauen können.«

3. *Bitte um Hilfe*
   Z. B.: »Bitte hilf mir, das zu verstehen und erkläre mir, was damit gemeint ist.«

4. *Bitte um Feedback*
   Z. B.: »Sag mir bitte, was Du von diesem Vorschlag hältst.«

Die vorhergehenden beiden Ansätze zielten darauf ab, selbst als vertrauenswürdig wahrgenommen zu werden. Es kann jedoch auch sein, dass es Ihre Zielsetzung ist, das Vertrauen bzw. Selbstvertrauen anderer Menschen zu stärken. Dazu bieten Ihnen die nachstehenden Ausführungen Orientierung.

Der Aufbau von Vertrauen lässt sich nach Franz Petermann (2013) in drei Phasen unterteilen:

1. Verständnisvolle Kommunikation herstellen
2. Bedrohliche Handlungen abbauen
3. Vertrauensauslösende oder -fördernde Handlungen gezielt einsetzen

Erläuterungen zu den Phasen des Vertrauensaufbaus. Dabei verkörpert jede Phase eine notwendige, aber nicht hinreichende Voraussetzung für die folgende:

1. *Verständnisvolle Kommunikation herstellen*
   Hier sind aktives Zuhören, Konzentration auf nonverbale Aspekte in der Kommunikation des Gegenübers sowie auf seine Ängste, Bedürfnisse etc. und eventuell Körperkontakt von grundlegender Bedeutung.

2. *Bedrohliche Handlungen abbauen*
   Dabei soll Verhalten vermieden werden, das schlecht bzw. nicht einzuordnen ist, die Orientierung erschwert, benachteiligend wirkt oder dazu führt, dass sich der Kommunikationspartner nicht angesprochen fühlt.

3. *Vertrauensauslösende oder -fördernde Handlungen gezielt einsetzen*
   Nun gilt es, Vertrauen systematisch aufzubauen. Dies erfordert, das Gegenüber zu Handlungen zu bewegen, die es einerseits als Herausforderung empfindet und andererseits erfolgreich bewältigen kann. Somit soll über die Stärkung des Selbstvertrauens zu einer gesteigerten Verhaltenssicherheit gelangt werden.

Praktische Ableitungen für Sie:

Wenn Sie das Vertrauen bzw. Selbstvertrauen anderer fördern wollen, dienen Ihnen die dargestellten Phasen als eine Art Verhaltensleitfaden. Damit helfen Sie diesen Menschen, souveräner zu handeln. Das können beispielsweise Auszubildende, neue Mitarbeiter, Kollegen, Lieferanten oder Kunden sein.

Darüber hinaus profitieren Sie jedoch auch selbst von diesem Vorgehen: So werden Sie aufgrund Ihrer Unterstützung von diesen Personen als vertrauenswürdiger wahrgenommen. Zudem tragen Sie damit zu gefestigteren, eigenständigeren und belastbareren Persönlichkeiten bei, die sich Ihnen verbunden fühlen. Auf diese können Sie dann beispielsweise mit höherer Wahrscheinlichkeit bauen, ihnen anspruchsvollere Aufgaben delegieren und auch selbst von ihnen Hilfeleistungen erwarten.

4.5 Vertrauensverlust – es zerstören

Es ist ebenso möglich, das Vertrauen anderer Menschen zu verlieren bzw. unbewusst oder bewusst zu zerstören. Neben Unzuverlässigkeit, Illoyalität oder Betrug kann dies ebenfalls durch kommunikative Aspekte geschehen. Zu Letzterem bieten Ihnen die folgenden Darstellungen einen Einblick.

Der Verlust bzw. das Zunichtemachen von Vertrauen lassen sich nach Franz Petermann (2013) in drei Phasen differenzieren:

1. Vertrauensvolle Kommunikation zerstören
2. Bedrohliche Handlungen wählen
3. Vertrauensbruch (gezielt) vollziehen

Erläuterungen zu den Phasen des Vertrauensverlusts bzw. -zunichtemachens. Dabei ist in jeder Phase ein Zerstören von Vertrauen möglich. Zudem ist die Reihenfolge analog zu den Phasen des Vertrauensaufbaus. Siehe hierzu gegebenenfalls die diesbezüglichen Ausführungen innerhalb der Thematik des Vertrauensaufbaus (Kap. 4.4). Das beinhaltet auch, dass, wenn Sie Vertrauen aufbauen möchten, ein Fehlverhalten in einer Phase schwerwiegende und zerstörerische Folgen auf die nachstehende bzw. die nachstehenden haben kann:

1. *Vertrauensvolle Kommunikation zerstören*
   Hierbei sind eine zu große Selbstbezogenheit und das damit einhergehende mangelnde Berücksichtigen der Bedürfnisse des Gegenübers die häufigsten Ursachen bzw. Mittel.

2. *Bedrohliche Handlungen wählen*
   Das kann beispielsweise eine unpassende Anzahl von Ratschlägen, den Einsatz von, insbesondere unangemessenen, Schmeicheleien sowie fehlende oder einseitige Rückmeldung beinhalten.

3. *Vertrauensbruch (gezielt) vollziehen*
   Beispielhafte Varianten sind zynische Äußerungen und das Geringschätzen der Kompetenzen des Kommunikationspartners.

Praktische Ableitungen für Sie:

Sollten Sie wie in den Phasen angeführt agieren, wirkt dies negativ auf das zwischenmenschliche Vertrauen und eventuell auch auf das Selbstvertrauen Ihres Interaktionspartners. Das kann unabsichtlich oder absichtlich geschehen.

Unbeabsichtigt schwächen oder ruinieren Sie Vertrauen z. B., wenn Ihnen derartige Verhaltensweisen aus Unachtsamkeit passieren, Sie emotional und persönlich werden oder Sie aufgrund von individuellen Empfindlichkeiten Ihres Gegenübers in für ihn ärgerlicher Weise handeln. Das kann in jeder Kommunikation vorkommen. Besonders heikel sind dabei angespannte Situationen wie Beschwerde- und Reklamationsbehandlungen, Konfliktgespräche, schwierige Mitarbeitergespräche etc. Mit bewusst professioneller Kommunikation lassen sich solche Fehltritte weitgehend verhindern. Dazu müssen Sie diese negativen Verhaltensweisen kennen und während der Interaktion aktiv versuchen zu vermeiden. Darüber hinaus besteht für

Sie auch die Möglichkeit, im Nachhinein zu klären, richtigzustellen und/oder sich zu entschuldigen.

Absichtlich machen Sie das Vertrauen zunichte, indem Sie derartig zerstörerisches Verhalten gezielt einsetzen, z. B. um einzelne Verhandlungen oder ganze Geschäftsbeziehungen abzubrechen.

Falls Sie bemerken, dass sich jemand Ihnen gegenüber vertrauensgefährdend benimmt, können Sie versuchen, dies zu hinterfragen, aufzudecken und/oder zu klären.

4.6 Ergänzende Aspekte – was sonst noch wichtig ist

Nachfolgend finden Sie drei ergänzende Aspekte in knapper Form behandelt. Diese sind angeführt, da sie jeweils auf ihre eigene Art mit dem Vertrauen in Verbindung stehen:

1. Hoffnung
2. Kontrolle
3. Misstrauen

Erläuterungen zu den ergänzenden Aspekten:

1. *Hoffnung*

   Dem Vertrauen geht gemäß Niklas Luhmann (2014) eine mehr oder weniger bewusste Auseinandersetzung damit voraus, dass es enttäuscht werden kann. Dabei spielt auch eine Rolle, welche negativen Folgen dann eintreten könnten. Wohingegen im Falle der Hoffnung einfach so Zuversicht gefasst wird.

   Praktische Ableitungen für Sie:

   Im Rahmen Ihres Berufslebens erscheint die reine Hoffnung, dass etwas schon gut gehen werde, als Entscheidungs- und Handlungsgrundlage unangebracht. Natürlich ist es für Sie unmöglich, alle Entwicklungen zu durchdenken. Dennoch sollten Sie sich vorausgehend mit den Risiken beschäftigen, um nicht von unerwünschten Auswirkungen völlig überrascht zu werden.

Es ist für Sie auch unvorteilhaft, jemandem zu vertrauen, der seine Zusagen aus der bloßen Hoffnung heraus getätigt hat, er würde seinen Teil der Vereinbarung schon irgendwie bewerkstelligen.

Vergegenwärtigen Sie sich deshalb in betreffenden Situationen, soweit machbar und sinnvoll, ob Sie selbst und eventuelle Mitbeteiligte die Risiken bedacht haben.

2. *Kontrolle*

   Nach Malte Mienert (2010) ist beim Entstehen des Vertrauens das Entwickeln von Kontrollüberzeugungen von wesentlicher Bedeutung. Das trifft vor allem auf das Selbstvertrauen zu. Der Grund dafür ist folgender: Die Überzeugung, dass man selbst in der Lage ist oder dass andere Personen in der Lage sind, Ereignisse ganz oder zum Teil zu kontrollieren, ist eine Voraussetzung dafür, sich selbst oder anderen zu vertrauen. Darauf aufbauend fängt das Vertrauen in den Situationen an, in denen die Kontrolle an ihre Grenzen gelangt.

   Praktische Ableitungen für Sie:

   Sowohl die Dinge unter Kontrolle zu halten als auch vertrauensbasiert zu arbeiten hat Vor- und Nachteile: Durch Kontrolle erlangen Sie mehr Sicherheit, haben aber einen höheren Aufwand. Zu vertrauen bringt für Sie ein Risiko mit sich, macht dafür jedoch vieles einfacher bzw. weniger aufwendig.

   In Ihrem Arbeitskontext dürfte totale Kontrolle ebenso unrealistisch sein wie grenzenloses Vertrauen. Vielmehr geht es für Sie darum, beide Ansätze in sinnvoller Weise zu verbinden.

   Allerdings sei im Hinblick auf die Zusammenarbeit mit anderen Menschen noch angemerkt, dass Vertrauen zudem auch die Motivation, die Identifikation, die Kreativität etc. fördert und Konflikten entgegenwirkt. Dabei sind verlässliche Mitarbeiter bzw. Kollegen und Geschäftspartner sowie die Fähigkeit, im richtigen Moment loszulassen, Voraussetzungen für ein vertrauensvolles Zusammenwirken. Siehe hierzu bei Interesse ergänzend die Erläuterungen zum zwischenmenschlichen Vertrauen (Kap. 4.2) sowie zum Vertrauensaufbau (Kap. 4.4).

Sofern Sie dazu die Möglichkeit haben, können Sie bewusst darauf Einfluss nehmen, Ihr Arbeitsumfeld diesbezüglich in eine in Ihren Augen gewinnbringende Richtung zu entwickeln.

3. *Misstrauen*
   Niklas Luhmann (2014) zufolge verkörpert Misstrauen nicht einfach das Gegenteil von Vertrauen. Vielmehr stellt es eine Alternative dazu dar. Das ist der Fall, da Misstrauen, wie Vertrauen auch, die Komplexität reduziert und somit ebenfalls vereinfachend wirkt. Siehe hierzu eventuell die Ausführungen zum Vertrauen in gesellschaftliche Systeme (Kap. 4.3). Anders als Vertrauen vermeidet Misstrauen jedoch das Eingehen eines Risikos.

   Praktische Ableitungen für Sie:

   In bestimmten Fällen ist begründetes Misstrauen für Sie nicht nur angebracht, sondern auch die bessere Wahl.

   Wenn Sie allerdings als Teil Ihrer Persönlichkeit permanent misstrauisch sind, erscheint es für Sie ratsam, sich damit auseinanderzusetzen: Einerseits erspart Ihnen dieser Wesenszug einige Enttäuschungen. Andererseits wirkt er häufig verschlossen und negativ. Dadurch erschwert er die Zusammenarbeit, trennt ab und lässt Chancen verpassen. Siehe zur Thematik des Urmisstrauens eventuell die Darstellungen zu den Entwicklungsphasen (Kap. 2.2) und zum Selbstvertrauen (Kap. 4.1).

5 Transaktionsanalyse – verständliche Psychologie

Die von Eric Berne begründete Transaktionsanalyse ging aus der Psychoanalyse hervor. Sie bietet Ihnen strukturierte und gut nachvollziehbare Erläuterungen zu menschlichem Verhalten. Diese können Sie als Basis für Ihre Reflexion und Weiterentwicklung nutzen.

Dabei umfasst die Transaktionsanalyse viele Teilbereiche, die alle helfen, sich seiner selbst bewusster zu werden und dementsprechend zu verhalten. Diese Bandbreite hier darzustellen, würde jedoch den Rahmen des Buchs überschreiten. Deshalb finden Sie nachfolgend insbesondere Inhalte angeführt, die die Verbindung von Psyche und Körpersprache verdeutlichen. Im Einzelnen handelt es sich um die Thematiken der inneren Anteile, der Transaktionen, der inneren Antreiber und der inneren Grundeinstellungen. Hierbei wird ersichtlich, dass Ihre Psyche nach außen wirkt und sich in Ihrem Auftreten und Ihrem Kommunikationsverhalten zeigt.

Überdies sind die Ausführungen zu den inneren Anteilen und den inneren Antreibern je mit einem etablierten und praxisbewährten Fragebogen ergänzt. Diese helfen Ihnen, sich dem jeweiligen Thema strukturiert und zielgerichtet anzunähern. Durch das Ausfüllen und Auswerten gewinnen Sie weitere Erkenntnisse zu Ihrer Persönlichkeit und Ihrem Verhalten.

Sollten Sie sich darüber hinaus für die Transaktionsanalyse interessieren, gibt es beispielsweise in Form von Internetbeiträgen, Büchern, Seminaren und Ausbildungen umfangreiche Angebote, das Thema weiterzuführen.

5.1 Innere Anteile – Persönlichkeit und Verhalten

Sie verhalten sich nicht immer gleich: Beruflich werden Sie vermutlich die meiste Zeit eher rational agieren und reagieren. Dann gibt es mehr oder weniger häufig auch Situationen, in denen Sie anderen Menschen sagen, was diese tun sollen. Das können Sie in fürsorglicher Art machen oder dabei Kritik üben. In anderen Fällen erhalten Sie Ratschläge, Vorgaben, Anweisungen etc. und leisten diesen Folge. Eventuell sind da zudem Momente, in denen Sie albern sind oder auch mal spontan Ihre Freude oder Ihren Ärger zeigen.

Diese wenigen Beispiele lassen bereits erkennen, wie unterschiedlich Ihr Auftreten sein kann. Mit Bezug auf die Transaktionsanalyse verhalten Sie sich dabei aus unterschiedlichen Ich-Zuständen heraus. Vor diesem Hintergrund sind die nun folgenden Erläuterungen stark an Gudrun Hennig und Georg Pelz (2007) angelehnt.

Bei der Persönlichkeit eines Menschen können drei Anteile unterschieden werden. Aus jedem dieser drei Ich-Zustände erfolgt ein anderes Verhalten:

1. **Eltern-Ich**
   Verhalten = wie ein Elternteil
2. **Erwachsenen-Ich**
   Verhalten = wie ein Erwachsener
3. **Kind-Ich**
   Verhalten = wie ein Kind

Dabei kann das Verhalten aus dem Eltern- und dem Kind-Ich jeweils verschiedene Formen annehmen. Deshalb lassen sich diese noch weiter unterteilen. So entsteht ein Modell der menschlichen Persönlichkeit. Dazu sei erwähnt, dass es neben der hier dargestellten Form noch weitere Modellvarianten mit teilweise etwas anderen Benennungen gibt. Der grundlegende Aufbau bleibt dabei jedoch stets gleich:

1. **Eltern-Ich**
   1.1 fürsorglich
   1.2 kritisch
2. **Erwachsenen-Ich**
3. **Kind-Ich**
   3.1 frei
   3.2 angepasst

Erläuterungen zu den Ich-Zuständen sowie zu verbalen und nonverbalen Verhaltensmerkmalen. Dabei sind die Ausführungen zu Haltung, Wortwahl, Stimme sowie Mimik und Gestik auf Stan Woollams und Michael Brown (1978) zurückzuführen sowie hier nach Gudrun Hennig und Georg Pelz (2007, S. 152 f.) zitiert:

1. *Eltern-Ich*
   Beinhaltet von den Eltern übernommene Werte, Normen, Standpunkte, Verhaltensweisen etc. Diese drücken sich in einem fürsorglichen oder einem kritischen Auftreten aus.
   1.1 *Fürsorgliches Eltern-Ich*
   - Haltung, z. B.: verständnisvoll, versorgend, gebend
   - Wortwahl, z. B.: gut, nett, ich mag Dich, freundlich, zart
   - Stimme, z. B.: liebevoll, unterstützend, besorgt, tröstend, überbesorgt
   - Mimik und Gestik, z. B.: offene Arme, annehmend, lächelnd, zugewandt, vereinnahmend

   1.2 *Kritisches Eltern-Ich*
   - Haltung, z. B.: wertend, moralisch, autoritär
   - Wortwahl, z. B.: schlecht, sollte, müsste, immer, falsch
   - Stimme, z. B.: kritisch, angewidert, streng, herablassend, schützend, bestimmend
   - Mimik und Gestik, z. B.: ärgerlich, stirnrunzelnd, Hände in den Hüften, mit dem Finger deuten

2. *Erwachsenen-Ich*
   Das Verhalten hat Bezug zur Realität und basiert auf der Auseinandersetzung mit Informationen.
   - Haltung, z. B.: interessiert, beobachtend, abschätzend
   - Wortwahl, z. B.: korrekt, wie, was, warum, wie viel, nützlich
   - Stimme, z. B.: gleichmäßig, ruhig
   - Mimik und Gestik, z. B.: aufrecht, offen, wach, nachdenklich

3. *Kind-Ich*
   Enthält aus der Kindheit stammende Verhaltensweisen, die sich in einem freien oder einem angepassten Benehmen äußern.
   3.1 *Freies Kind-Ich*
   - Haltung, z. B.: neugierig, wechselvoll, freudvoll
   - Wortwahl, z. B.: super, Mist, wollen, nicht wollen, autsch!, toll!

- Stimme, z. B.: frei, laut, energiereich, lustig
- Mimik und Gestik, z. B.: ungebremst, locker, spontan

3.2 *Angepasstes (reagierendes) Kind-Ich*

- Haltung, z. B.: fragend, beschämt, nachgiebig
- Wortwahl, z. B.: kann nicht, möchten, versuchen, hoffen, bitte, danke
- Stimme, z. B.: weinerlich, fragend, verteidigend, besänftigend
- Mimik und Gestik, z. B.: verkniffen, gepresst, gebremst, zusammengezogen

Praktische Ableitungen für Sie:

Wenn Sie das Wissen um die inneren Anteile für sich nutzen wollen, können Sie grob die beiden Schritte der Analyse und der Umsetzung unterscheiden.
Dementsprechend gehen Sie auch in dieser Reihenfolge vor: Am Anfang steht die Reflexion Ihrer eigenen Persönlichkeit und Ihres Verhaltens. Darauf aufbauend gilt es zu überdenken, wohin Sie sich entwickeln möchten, um dies dann umzusetzen.

Zu erkennen, wie Sie sind bzw. aus welchen Ich-Zuständen Sie bevorzugt agieren und reagieren, bildet die Basis.

Das können Sie für sich selbst ergründen, indem Sie in sich gehen und darüber nachdenken, wie Sie das einschätzen. Vielleicht finden Sie dabei heraus, dass Sie sich allgemein, in spezifischen Situationen oder gegenüber bestimmten Personen jeweils bevorzugt aus einem Ich-Zustand verhalten. Das kann sich mit Rückmeldungen decken, die Ihnen, unabhängig von der Transaktionsanalyse, bereits entgegengebracht wurden. Eventuell hat man Ihnen schon des Öfteren gesagt, dass Sie häufig z. B. streng, fürsorglich, sachlich, angepasst oder rebellisch seien.

Neben Ihrer eigenen Sicht auf sich selbst macht es zudem Sinn, andere Menschen nach deren Einschätzung bezüglich Ihres Verhaltens zu fragen. Im beruflichen Kontext wäre das beispielsweise bei Kollegen, Mitarbeitern, Führungskräften, Geschäftspartnern, Kunden oder Lieferanten möglich. Dazu müssen natürlich die jeweilige Beziehung und insbesondere das Vertrauensverhältnis stimmen. Ein derartiges Gespräch lässt sich anhand der Ich-Zustände führen, die Sie vorher erläutern. Oder Sie unterhalten sich ohne diese Vorlage und ordnen Ihre gewonnenen Erkenntnisse hinterher dem Modell zu. Sprechen Sie jedoch jeweils einzeln mit mehreren Personen, da jede Ihre eigene Sichtweise einbringen wird. Durch diese größere Anzahl von Rückmeldern erhalten Sie einen objektiveren Überblick.

Siehe dazu eventuell ebenfalls die Ausführungen zum Selbst- und Fremdbild innerhalb des Themas der Standortbestimmung (Kap. 10.1).

Zudem haben Sie die Möglichkeit, ein sogenanntes Egogramm zu machen. Das ist ein Fragebogen zu Ihren Ich-Zuständen, dessen Resultate Ihnen als weitere Anhaltspunkte für Ihre Überlegungen dienen. Hierzu finden Sie im Anschluss an diese Darstellungen zu den inneren Anteilen unter Fragebogen innere Anteile (Kap. 5.2) eine Version vor, die Sie ausfüllen und auswerten können. Das bietet Ihnen eine weitere Herangehensweise, um sich Ihre Ich-Zustände bewusster zu machen. Aufwendiger, aber dafür zusätzlich gewinnbringend, erscheint es für Sie, die Ergebnisse Ihres Egogramms überdies z. B. im Rahmen eines Coachings aufzubereiten. Dabei sollte der Coach die Methode kennen und die Resultate mit Ihnen zusammen besprechen, um davon gegebenenfalls gemeinsam weitere Schritte abzuleiten.

Nachdem Sie Ihre Persönlichkeit und Ihr Verhalten reflektiert haben, bietet es sich an, zu überdenken, was das für Folgen für Sie hat. Damit ist gemeint, wie Sie mit Ihrem Auftreten bei anderen Menschen ankommen und ob das eher hilfreich oder hinderlich für Sie ist. Ein wichtiger Aspekt ist hier zudem, welche Ich-Zustände Sie bei Ihren Kommunikationspartnern auslösen. Das lässt Sie besser verstehen, warum Personen in einer bestimmten Art auf Sie reagieren.

Dazu einige allgemeine Beispiele zu möglichen Zusammenhängen, die Ihnen Ansätze für Ihre persönliche Weiterentwicklung verdeutlichen:

- Ein ausgeprägtes kritisches Eltern-Ich kann andere einschüchtern und dazu führen, dass diese den Kontakt mit Ihnen meiden sowie dadurch weniger Informationen an Sie weitergeben.
- Wenn Sie sich auch in gelösteren Kontexten permanent außerordentlich sachlich aus Ihrem Erwachsenen-Ich verhalten, wirkt das schnell steif und hemmt das zwischenmenschliche Miteinander.
- Falls Sie sich für Ihr berufliches Umfeld zu sehr aus Ihrem Eltern-Ich benehmen, behandeln Sie andere wie Kinder. Das ruft häufig Widerstände hervor und kann so für Sie Schwierigkeiten mit sich bringen, ernst genommen zu werden und/oder Menschen zu führen.

- Zeigen Sie sich mit zu viel angepasstem Kind-Ich, sprechen Sie damit das Eltern-Ich Ihres Gegenübers an, welches dann eventuell rasch fürsorglich oder kritisch feststellt, dass bei Ihnen wenig Durchsetzungsstärke gegeben ist.

Anschließend entscheiden Sie auf Basis Ihrer bisherigen Überlegungen, was Sie beibehalten und was Sie verändern möchten. Dann setzen Sie sich dementsprechende Ziele. Auch hierzu einige Beispiele:

- Möglicherweise wollen Sie weniger kritisches und dafür mehr fürsorgliches Eltern-Ich zeigen, um andere direkter zu unterstützen.
- Oder Sie streben an, Ihr freies Kind-Ich zu fördern, um ungezwungener und fröhlicher zu wirken.
- Denkbar wäre ebenso, dass Sie sich vornehmen, sich in Verhandlungen stärker aus dem Erwachsenen-Ich zu verhalten, um noch rationaler vorzugehen.

Nun ist es an der Zeit für die Umsetzung: Das machen Sie ebenfalls für sich allein, mit der Unterstützung anderer und/oder mit professioneller Begleitung. Dabei können Sie sich an den Erläuterungen zum Modell der Ich-Zustände bzw. den Darstellungen zu Haltung, Wortwahl, Stimme sowie Mimik und Gestik orientieren. Diese Aspekte bringen Sie dann in den betreffenden Situationen Ihres Berufslebens in der von Ihnen angestrebten Weise vermindert oder verstärkt ein.

Die Grundlage für dieses Vorgehen bilden die Auseinandersetzung mit sich selbst sowie der Wille, an Ihrer Persönlichkeit und Ihrem Verhalten zu arbeiten. Dadurch werden Sie jedoch wesentlich bewusster auftreten und kommunizieren.

5.2 Fragebogen innere Anteile – bietet Einblicke

Mit diesem Fragebogen zu den inneren Anteilen können Sie ein sogenanntes Egogramm für sich anfertigen. Das veranschaulicht Ihnen, wie ausgeprägt sich Ihre Ich-Zustände gegenwärtig jeweils darstellen.

Dabei ist das Egogramm auf John M. Dusay (1977) zurückzuführen. Die Darstellungen erfolgen mit freundlicher Genehmigung des Ott Verlags bzw. der Hep Verlag AG, stark angelehnt an Karl Kälin und Peter Müri (2015, S. 37 ff.), wobei die Items direkt übernommen wurden.

Hinweise zum Bearbeiten bzw. Ausfüllen

- Nehmen Sie sich ca. 40 bis 60 Minuten Zeit.
- Der Bogen umfasst drei Skalen mit insgesamt 143 Items (142 zu bewertende Aussagen und eine Frage).
  - Bearbeiten Sie jedes der Items.
  - Die Bedeutung der Sternchen (*) wird später erklärt. Sie müssen diese beim Ausfüllen nicht beachten.
  - Beziehen Sie sich entweder auf Ihr Berufs- oder auf Ihr Privatleben und behalten Sie dies einheitlich bzw. durchgängig so bei.
    Im Rahmen dieses Buchs erscheint es für Sie ratsam, den Fokus auf den beruflichen Kontext zu legen. Sie haben natürlich zudem die Möglichkeit, den Bogen zweimal auszufüllen: einmal bezogen auf das Berufliche und einmal auf das Private. Auch dieser Vergleich kann sehr interessant für Sie sein.

- Nehmen Sie so offen wie möglich Stellung.
  - Wenn Sie etwas (eher) bejahen, umkreisen Sie das »+«.
  - Wenn Sie etwas (eher) verneinen, umkreisen Sie das »–«.
- Es gibt keine richtigen oder falschen Angaben.

Skalen mit Items

Bearbeiten Sie nun die drei nachfolgenden Skalen in der beschriebenen Weise:

Skala I

+	–		1. Ich kann gut zuhören.
+	–	*	2. Ich neige dazu, in Gruppen tonangebend sein zu wollen.
+	–	*	3. Es scheint, dass ich anderen bald einmal widerspreche.
+	–		4. Ich stehe eher auf der Seite der Schwächeren.
+	–		5. Ohne Fleiß kein Preis.
+	–	*	6. Wenn ich bei einer Auseinandersetzung in die Enge getrieben werde, neige ich dazu, ärgerlich zu reagieren.
+	–		7. Den Satz »Jede wahre Liebe ist auf Achtung begründet« finde ich zutreffend.
+	–	*	8. Man kann tun, was man will: Den Charakter eines Menschen kann man nicht ändern.

+	–	*	9. Ich neige dazu, in verworrenen oder verfahrenen Situationen die Führung zu übernehmen.
+	–		10. Es fällt mir leicht, andere zu trösten.
+	–	*	11. Öfter, als ich möchte, suche ich Fehler bei den anderen.
+	–		12. Die meisten Menschen wollen geführt sein.
+	–		13. Ich halte jene Berufe für die wertvollsten, in denen Menschen geholfen wird.
+	–		14. Ich bin sehr verständnisvoll, wenn andere Probleme haben.
+	–	*	15. Ich habe feste Überzeugungen und ändere diese nicht so leicht.
+	–	*	16. Öfter ertappe ich mich beim »Schulmeistern«.
+	–		17. Eine wirkliche Änderung findet eigentlich nur dann statt, wenn eine starke Person eine Sache in die Hand nimmt und sie vorwärtsbringt.
+	–	*	18. Ich neige dazu, mich in meinem Leben auf Tradition und Bewährtes zu verlassen.
+	–	*	19. Ich neige dazu, mich über Personen aufzuregen, die bewährte und anerkannte Denkweisen und Handlungen infrage stellen.
+	–	*	20. Meiner Meinung nach ist es hilfreich, andere auf ihre Fehler aufmerksam zu machen.
+	–	*	21. Ich habe ziemlich klare Vorstellungen davon, was richtig und falsch ist.
+	–		22. Ich fühle mich oft von anderen Menschen ausgenutzt.
+	–		23. Ich werde oft von anderen um Rat gefragt.
+	–	*	24. Ein Problem, das uns immer zu begleiten scheint, ist, dass es zu wenige Leute gibt, die arbeiten, und zu viele, die befehlen wollen.
+	–	*	25. Das Sprichwort »Was Hänschen nicht lernt, lernt Hans nimmermehr« finde ich zutreffend.
+	–	*	26. Vielen Menschen ist zu wenig klar, dass man besonders im Geschäftsleben sehr kämpferisch sein muss, um erfolgreich zu sein.
+	–		27. Es ist doch so, dass Menschen dazu gedrängt werden müssen, gewisse Dinge zu tun, die gut für sie sind.
+	–	*	28. Ich glaube, dass unsere Gesellschaft besser wäre, wenn Verstöße gegen die Gesetze strenger geahndet würden.

+	–	*	29. Ich bin schon öfter von anderen auf meinen »Befehlston« angesprochen worden.
+	–		30. Es scheint, dass ich den Mitmenschen mehr Vertrauen schenke, als viele andere es tun.
+	–	*	31. Befehle zu erteilen, fällt mir leichter, als Befehle zu befolgen.
+	–		32. Das größte Missgeschick, das jemandem widerfahren kann, ist, die Geduld zu verlieren.
+	–	*	33. Strenge Bestrafung von Verbrechern wäre geeignet, von Vergehen abzuschrecken.
+	–		34. Wann immer jemand Hilfe braucht, leiste ich sie.
+	–	*	35. Eltern neigen heute dazu, allzu nachsichtig zu sein.
+	–		36. Andere in ihrer Entwicklung zu unterstützen, gibt mir eine große Befriedigung.
+	–	*	37. Die Berichterstattung der Medien (Fernsehen, Zeitungen usw.) sollte besser kontrolliert werden.
+	–	*	38. Im Führungsalltag muss klar sein, wer der Chef oder die Chefin ist.
+	–		39. Einer der Gründe, warum die Werbung so erfolgreich ist, ist der Umstand, dass die Menschen es mögen, wenn ihnen gesagt wird, was sie zu kaufen haben.
+	–	*	40. Es ist mir wichtig, dass im Führungsalltag die Disziplin aufrechterhalten wird.
+	–		41. Die patriotische Einstellung gegenüber dem eigenen Land wird immer wichtiger sein als das sogenannte »Weltbürgertum«.
+	–	*	42. Die Leute sollten sich stärker mit gewissen Grundsätzen von Moral, Recht und Unrecht identifizieren.
+	–	*	43. Was billig ist, ist nichts wert!
+	–		44. Wenn ich sehe, dass jemand bei einer Arbeit Schwierigkeiten hat, nehme ich sie ihm gerne ab.
+	–	*	45. Wir benötigen eher mehr als weniger Kontrolle in der Führungsarbeit.
+	–	*	46. Ich bin der Ansicht, dass man gewisse Berufstraditionen in der Familie aufrechterhalten soll.
+	–	*	47. Eine starke Führungskraft braucht keine Mitbestimmung.
+	–		48. In der Regel komme ich mit allen Leuten gut aus.

+	–	*	49. Ich bin der Meinung, dass Kinder ihren Eltern Respekt entgegenbringen müssen.
+	–		50. Ich habe Mitleid mit Menschen, die sich in Schwierigkeiten befinden.
+	–		51. Im Vergleich mit anderen mache ich eher mehr Überstunden.
+	–		52. Ich neige dazu, mich der Meinung der Mehrheit anzuschließen.
+	–		53. Mir ist wichtig, dass die Zusammenarbeit mit anderen möglichst ohne Konflikte abläuft.
+	–		54. »Undank ist der Welt Lohn« habe ich schon oft erfahren müssen.
+	–		55. Statt Zeit damit zu verlieren, jemandem etwas zu erklären, erledige ich es lieber selbst.
+	–	*	56. Ich bin oft verblüfft, zu sehen, wie blöd die Leute sind.
+	–	*	57. Ich neige dazu, anderen Personen zu sagen, was mit ihnen nicht stimmt.
+	–		58. Viele Leute gehen fehl, weil sie Verantwortung ablehnen.
+	–		59. Wenn man nicht zu viel von den Menschen erwartet, wird man auch nicht so leicht enttäuscht.
+	–		60. Wenn sich jemand über mich ärgert, versuche ich, ihn zu besänftigen.

Skala II

+	–		61. Mir scheint, dass ich besser beobachte als viele andere Leute.
+	–		62. Ich neige dazu, einen kühlen Kopf zu bewahren, wenn andere aufgeben oder abschalten.
+	–		63. Meine Eltern oder Erzieher hatten große Freude daran, wenn ich selbstständig lernte und forschte.
+	–		64. Ich sammle Informationen und plane, bevor ich handle.
+	–		65. Ich erröte selten oder nie.
+	–		66. Es fällt mir leicht, in öffentlichen Veranstaltungen das Wort zu ergreifen.
+	–		67. Ich weine selten oder nie.
+	–		68. Ich bin risikofreudiger als die meisten meiner Bekannten.
+	–		69. Es macht mir nichts aus, allein zu sein.

+	–		70. Meine Eltern oder Erzieher neigten dazu, den Gebrauch des Verstandes höher zu schätzen als die Gefühle.
+	–		71. Ich bin fähig, eine gewisse wachsame Unvoreingenommenheit zu bewahren, wenn andere allzu erregt werden.
+	–		72. Mehr als viele andere ziehe ich problemlösendes Verhalten dem Feilschen und Kompromisse-Schließen vor.
+	–		73. Es fällt mir leicht, meine Gefühle unter Kontrolle zu halten.
+	–		74. Bei der Planung eines Projektes achte ich darauf, Leute miteinzubeziehen, die zupacken.
+	–		75. Ich habe feste Überzeugungen und verleihe ihnen auch Ausdruck, reagiere aber positiv auf vernünftige Gegenargumente, indem ich meine Meinung ändere.
+	–		76. Obwohl andere zeitweise dazu neigen, zwischenmenschliche Konflikte zu unterdrücken, zu vertuschen oder durch Kompromisse beizulegen, versuche ich unter allen Umständen, die Ursachen herauszufinden.
+	–		77. In Stresssituationen bleibe ich ruhig.
+	–		78. Es scheint mir, dass ich dazu neige, vor dem Fällen von Entscheidungen die Risiken abzuwägen.
+	–		79. Mehr als viele andere mir bekannte Leute bemühe ich mich, Ideen, Meinungen und Haltungen zu suchen, die sich von meinen eigenen unterscheiden.
+	–		80. Leute, die mit mir zusammenarbeiten, würden sagen, ich sei entscheidungsfreudig und entschlossen.
+	–		81. Ich kann gut mit Misserfolgen umgehen.
+	–		82. Zwischenmenschliche Konflikte erledige ich im persönlichen Gespräch.
+	–		83. Ich bin der Überzeugung, dass eine wirksame Führung die Mitarbeitenden dazu anspornt, das Beste zu geben.
+	–		84. Ich glaube, dass das, was andere Leute fühlen und denken, wichtig ist.
+	–		85. Schon als Kind ermutigten mich meine Eltern oder Bezugspersonen, meine Ansichten auszusprechen, ohne Angst vor Strafe zu haben oder davor, mich lächerlich zu machen.
+	–		86. Mich interessieren die Ergebnisse aus Forschung und Wissenschaft.

+	–		87. Es scheint, dass ich eher die Fähigkeit entwickelt habe, selbstständig und unabhängig zu denken, als mich den Gedanken anderer Leute anzupassen.
+	–		88. Ich glaube, dass Menschen fähig sind, sich selbst zu führen und zu kontrollieren und damit sich selbst zu entwickeln.
+	–		89. Die meisten Fehler entstehen eher wegen eines Missverständnisses als aus Nachlässigkeit.
+	–		90. Irgendwie scheint es, dass ich gelernt habe, der Welt auf entspannte, zuversichtliche und positive Art entgegenzutreten.
+	–		91. Ich bin aktives Mitglied von drei und mehr Vereinen und Organisationen.
+	–		92. Offenheit und Ehrlichkeit anderen gegenüber lohnen sich in der Regel.
+	–		93. Beim Problemlösen gehe ich eher logisch-rational als gefühlsmäßig vor.
+	–		94. Ich bringe es fertig, nach außen ruhig zu bleiben, obwohl es in mir kocht.
+	–		95. Ich besuche Kurse, Seminare, Vorträge usw. häufiger als die meisten mir bekannten Personen.
+	–		96. Ich habe den Ruf, fair und objektiv zu sein.
+	–		97. Ich pflege von den anderen das zu bekommen, was ich haben möchte.
+	–		98. Ich kann anderen Personen Dinge klar und deutlich erklären.
+	–		99. Mein Erfolg im Leben beruht auf der Tatsache, dass ich es verstehe, meine Gefühle zu verbergen.
+	–		100. In einer Diskussion zählen meine Argumente oft zu den besten.
+	–		101. Ich bin der Überzeugung, dass die Menschen grundsätzlich gut sind.
+	–		102. Für mich ist es wichtig, so perfekt wie möglich zu sein.
+	–		103. Ich lese täglich eine bis zwei Tageszeitungen oder informiere mich täglich im Internet.
+	–		104. Ich habe eine ziemlich klare Vorstellung davon, wo ich in fünf Jahren beruflich und privat stehen möchte.

Skala III

+	–	*	105. Obwohl es viele nicht wahrhaben wollen, glaube ich, dass die Gefühle bei 90 Prozent der lebenswichtigen Entscheidungen den Ausschlag geben.
+	–		106. Es scheint, dass ich mich mehr als andere selbst bemitleide.
+	–		107. Wenn eine höherstehende Persönlichkeit die Verantwortung für eine schwerwiegende Entscheidung übernimmt, werde ich bei der Durchführung mithelfen, auch wenn ich davon nicht überzeugt bin.
+	–	*	108. Ich genieße das Leben in vollen Zügen.
+	–	*	109. Es kommt öfter vor, dass ich am helllichten Tag ins Blaue hinein träume.
+	–	*	110. Ich bin für Spontankäufe sehr anfällig.
+	–	*	111. Es bereitet mir z. B. Mühe, eine Abmagerungskur durchzustehen, das Rauchen aufzugeben usw.
+	–		112. Ich habe nichts dagegen, der oder die Ausführende zu sein, aber ich habe es gerne, wenn eine andere Person dabei die Führung übernimmt.
+	–	*	113. Ich gebrauche oft Ausdrücke wie »irre«, »höllisch«, »megageil« usw.
+	–		114. In einer gespannten Lage neige ich eher dazu, mich zurückzuziehen.
+	–		115. Bescheidenheit ist eine Tugend, vielleicht die größte.
+	–	*	116. Ich erzähle gerne Witze.
+	–	*	117. Ich bin immer voll neuer Ideen.
+	–		118. Ich habe keine Mühe, Anweisungen zu befolgen.
+	–		119. Befehle zu befolgen, fällt mir leichter, als Befehle zu erteilen.
+	–	*	120. Ich bin oft impulsiv.
+	–		121. Eher stimme ich anderen zu, als dass ich mit ihnen hin und her diskutieren würde.
+	–		122. Ich bemühe mich sehr um die Anerkennung anderer.
+	–		123. Hie und da ertappe ich mich dabei, dass ich zu laut lache und spreche.
+	–		124. Ich sage mir oft: »Es nützt ja doch nichts, sich hier zu engagieren.«
+	–		125. Wenn mich jemand innerlich verletzt hat, sage ich ihm in der Regel nichts davon.

+	–	*	126. Es ist für mich schwer zu verstehen, warum so viele Leute das Leben so ernst nehmen.
+	–		127. Oftmals äußere ich meine Ideen nicht, weil sie mir zu wenig wichtig erscheinen.
+	–	*	128. Meine Eltern respektierten es, wenn ich meinen Gefühlen wie Freude, Trauer, Ärger usw. voll Ausdruck gab. Sie ermutigten mich gar dazu.
+	–		129. Es scheint mir, dass ich nicht so oft, wie ich möchte, meinen Willen durchsetzen kann.
+	–		130. Ich ziehe es vor, eine Stellung mit eher wenig Verantwortung, Befugnissen, Ansehen usw. anzunehmen.
+	–		131. Es kann sein, dass meine Eltern doch eher dazu neigten, mir Angst vor der Welt und den Menschen einzuflößen, als mir die Welt von der erfreulichen Seite zu zeigen.
+	–	*	132. Ich habe mehr Interessen, Liebhabereien usw. als die meisten Leute, die ich kenne.
+	–		133. Aus irgendeinem Grund kommt es oft vor, dass ich meistens den Kürzeren ziehe.
+	–	*	134. An einem Freitagabend sitze ich mit ein paar Bekannten zusammen und trinke einige Flaschen Wein. Plötzlich kommt jemand auf die Idee, jetzt für zwei Tage nach Paris zu fahren. Fahre ich mit?
+	–	*	135. Ich neige viel eher dazu, fantasievolle als logische Lösungen anzustreben.
+	–	*	136. Es gibt Momente, wo ich in Gegenwart anderer Leute weine, ohne mich zu schämen.
+	–	*	137. Irgendwann habe ich gelernt, dem Sex, meinem Körper, der Intimität usw. gegenüber eine freudige Haltung einzunehmen.
+	–		138. Man muss sich wichtigen Persönlichkeiten unterordnen.
+	–	*	139. Es gibt Zeiten, zu denen ich mir gerne außergewöhnliche Freuden und Vergnügungen gönne.
+	–		140. In ungewohnten Situationen fühle ich mich sehr unbehaglich.
+	–	*	141. Ich finde mich oft mitten in einem Problem und frage mich, wie ich da wohl wieder hineingeschlittert bin.
+	–		142. In vielen Situationen fühle ich mich einfach hilflos.
+	–	*	143. Wenn ich etwas sage, ist es sehr wohl möglich, dass ich ins Fettnäpfchen trete.

Erläuterungen für das nachfolgende Zählen und Rechnen
Da der Fragebogen nach der Methode der Trefferwahrscheinlichkeit aufgebaut ist, werden nur die »+« gezählt:

- *Skala I (Nummern 1–60)*
  1. Zählen Sie alle »+«, die Sie markiert haben. Die Anzahl ergibt den Wert 1.
  2. Zählen Sie bei den mit einem Sternchen versehenen Nummern alle »+«, die Sie markiert haben. Die Anzahl ergibt den Wert 2 (kritisches Eltern-Ich).
  3. Ziehen Sie den Wert 2 vom Wert 1 ab. So errechnen Sie den Wert 3 (fürsorgliches Eltern-Ich).

- *Skala II (Nummern 61–104)*
  4. Zählen Sie alle »+«, die Sie markiert haben. Die Anzahl ergibt den Wert 4 (Erwachsenen-Ich).

- *Skala III (Nummern 105–143)*
  5. Zählen Sie alle »+«, die Sie markiert haben. Die Anzahl ergibt den Wert 5.
  6. Zählen Sie bei den mit einem Sternchen versehenen Nummern alle »+«, die Sie markiert haben. Die Anzahl ergibt den Wert 6 (freies Kind-Ich).
  7. Ziehen Sie den Wert 6 vom Wert 5 ab. So errechnen Sie den Wert 7 (angepasstes Kind-Ich).

Zählen und Rechnen
Ermitteln Sie jetzt Ihre Werte:

- *Skala I (Nummern 1–60)*
  1. Anzahl aller markierten »+« = ____________ (Wert 1)
  2. Anzahl aller markierten »+« mit Sternchen (kritisches Eltern-Ich) = ____________ (Wert 2)
  3. Wert 1 minus Wert 2 (fürsorgliches Eltern-Ich) = ____________ (Wert 3)

- *Skala II (Nummern 61–104)*
  4. Anzahl aller markierten »+« (Erwachsenen-Ich) = ____________ (Wert 4)

- *Skala III (Nummern 105–143)*
  5. Anzahl aller markierten »+« = ____________ (Wert 5)
  6. Anzahl aller markierten »+« mit Sternchen (freies Kind-Ich) = ____________ (Wert 6)
  7. Wert 5 minus Wert 6 (angepasstes Kind-Ich) = ____________ (Wert 7)

Tabelle – Wert und Skalenwert

An dieser Tabelle können Sie sich orientieren, um nachfolgend für die erhaltenen Werte Ihres

- kritischen Eltern-Ichs (Wert 2),
- fürsorglichen Eltern-Ichs (Wert 3),
- Erwachsenen-Ichs (Wert 4),
- freien Kind-Ichs (Wert 6) und
- angepassten Kind-Ichs (Wert 7)

Ihre individuellen Skalenwerte grafisch darzustellen.

Skala I				Skala II		Skala III			
kritisches Eltern-Ich		fürsorgliches Eltern-Ich		Erwachsenen-Ich		freies Kind-Ich		angepasstes Kind-Ich	
Wert 2	Skalenwert	Wert 3	Skalenwert	Wert 4	Skalenwert	Wert 6	Skalenwert	Wert 7	Skalenwert
2	0	2	0	13	0	1	0	1	0
3	5	5	5	14	5	2	5	2	5
5	10	7	10	16	10	3	10	3	10
7	20	10	20	18	20	5	20	5	20
9	30	12	30	21	30	7	30	7	30
11	40	14	40	23	40	8	40	8	40
12	50	16	50	26	50	9	50	9	50
14	60	18	60	29	60	10	60	10	60
16	70	20	70	31	70	12	70	12	70
18	80	22	80	33	80	13	80	13	80

Skala I				Skala II		Skala III			
kritisches Eltern-Ich		fürsorgliches Eltern-Ich		Erwachsenen-Ich		freies Kind-Ich		angepasstes Kind-Ich	
Wert 2	Skalen-wert	Wert 3	Skalen-wert	Wert 4	Skalen-wert	Wert 6	Skalen-wert	Wert 7	Skalen-wert
20	90	25	90	36	90	15	90	15	90
21	95	28	95	38	95	17	95	17	95

Grafische Darstellung

Zeichnen Sie jetzt mit Orientierung an der vorhergehenden Tabelle in der betreffenden Säule jedes Ich-Zustands einen für Sie individuellen Skalenwert ein:

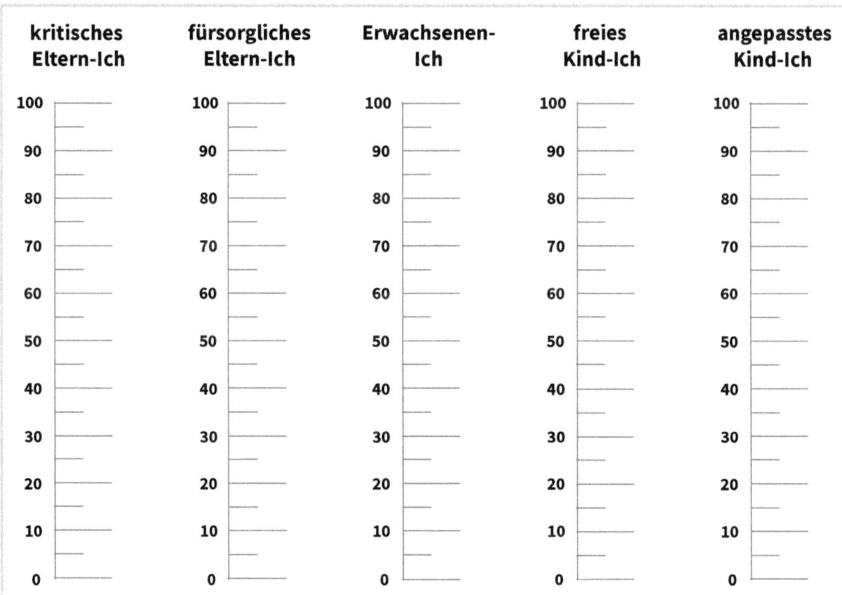

Nun haben Sie Ihr Egogramm erstellt. Somit können Sie die sich aus dem Bearbeiten des Fragebogens ergebenden Anteile Ihrer Ich-Zustände ersehen, vergleichen, interpretieren etc. Das bietet Ihnen die Möglichkeit, gegebenenfalls Schritte abzuleiten, um Ihre Persönlichkeit und Ihr Verhalten weiterzuentwickeln. Siehe dazu die Ausführungen zu den inneren Anteilen (Kap. 5.1).

5.3 Transaktionen – Psyche, Körpersprache und Sprechen

In Situationen, in denen Sie mit anderen Personen kommunizieren, verhalten Sie sich ebenfalls aus Ihren Ich-Zuständen heraus. Das gilt ebenso für alle weiteren Beteiligten. Es findet also ein Austausch zwischen Interaktionspartnern statt, wobei jeder seine Persönlichkeit bzw. seine Ich-Zustände mit einbringt.

Dazu senden Sie im Fall von mündlicher Kommunikation mit Ihren Worten und mit Ihrer Körpersprache Nachrichten. Im Gegenzug empfangen Sie in dieser Weise auch Botschaften von einem oder mehreren Menschen. Mit Blick auf die Transaktionsanalyse finden hier sogenannte Transaktionen statt, die sich genauer betrachten und analysieren lassen. Wenn Sie diese kennen und bewusst einsetzen, können Sie zielgerichteter auftreten und kommunizieren.

Nach Thomas A. Harris (2019) ist eine Transaktion das Zusammenspiel eines Reizes, den eine Person (A) aussendet, und der darauffolgenden Reaktion ihres Gegenübers (B):

Reiz + Reaktion = Transaktion

Die Reaktion (von B) ist dann wieder ein neuer Reiz, auf den der andere Kommunikationspartner (A) reagiert.

Vor diesem Hintergrund lassen sich drei Transaktionsarten unterscheiden:

1. Parallele
2. Gekreuzte
3. Verdeckte

Transaktion

Erläuterungen zu den Transaktionsarten. Die Ausführungen sind, mit Ausnahme der Detaildarstellungen und der Beispiele, stark an Rolf Rüttinger (2018) angelehnt. Bei Interesse finden Sie als Ergänzung dazu auch im Internet viele weiterführende Angebote, die sich im Rahmen der Transaktionsanalyse mit Transaktionen bzw. den drei Transaktionsarten beschäftigen. Dabei werden diese häufig zudem durch Schaubilder visualisiert, was ebenfalls dem Verständnis dient:

1. *Parallele Transaktion*
   - Der Empfänger reagiert aus dem vom Sender angesprochenen Ich-Zustand. Hierbei spricht er beim Sender wieder den Ich-Zustand an, aus dem dieser agiert hat.
   - Im Detail:
     - ▶ A sendet aus einem seiner Ich-Zustände und richtet sich an einen der Ich-Zustände von B.
     - ▶ B reagiert nun aus dem von A erwarteten Ich-Zustand.
     - ▶ Dabei richtet sich die Reaktion von B wieder an den Ich-Zustand von A zurück, aus dem dieser gesendet hat.
   - Beispiel:
     - ▶ Reiz aus dem freien Kind-Ich von A, gerichtet an das freie Kind-Ich von B: »Super, wir sind ja im selben Hotel!«
     - ▶ Reaktion aus dem freien Kind-Ich von B, gerichtet an das freie Kind-Ich von A: »Ja, toll, lass uns abends etwas quatschen!«
   - Parallele Transaktionen gestalten die Kommunikation erwartungsgemäß und vorhersehbar.

2. *Gekreuzte Transaktion*
   - Der Empfänger reagiert nicht aus dem vom Sender angesprochenen Ich-Zustand.
   - Im Detail:
     - ▶ A sendet aus einem seiner Ich-Zustände und richtet sich an einen der Ich-Zustände von B.
     - ▶ B reagiert aber aus einem anderen, als dem von A erwarteten Ich-Zustand.
   - Beispiel:
     - ▶ Reiz aus dem Erwachsenen-Ich von A, gerichtet an das Erwachsenen-Ich von B:
       »Ich bin mir nicht sicher, ob wir den Liefertermin einhalten können.«
     - ▶ Reaktion aus dem kritischen Eltern-Ich von B, gerichtet an das angepasste Kind-Ich von A:
       »Keine Ausflüchte, ich erwarte von Ihnen, dass Sie das hinbekommen!«
   - Gekreuzte Transaktionen wirken z. B. überraschend, spannungsfördernd oder versachlichend.

3. *Verdeckte Transaktion*
   - Die Kommunikation findet auf der vermeintlich sachlichen Ebene der Erwachsenen-Ichs statt, während zugleich eine verdeckte Botschaft an einen anderen

Ich-Zustand erfolgt. Beispiele sind ironische Äußerungen oder latent eingebrachte Kritik, Unterstellungen, Drohungen etc.

- Im Detail:
  - ▶ A sendet zwei Nachrichten gleichzeitig:
    Botschaft 1 (offen) kommt aus dem Erwachsenen-Ich von A und richtet sich an das Erwachsenen-Ich von B.
    Botschaft 2 (verdeckt) kommt (oftmals, jedoch nicht zwingend) aus einem anderen Ich-Zustand von A. Sie richtet sich aber an einen anderen Ich-Zustand von B. Das geschieht häufig nonverbal durch die Stimme, die Mimik, die Gestik etc.
  - ▶ Die Reaktion von B ist davon abhängig, was verstanden wurde bzw. wie B mit dieser Doppeldeutigkeit umgeht.
- Beispiel:
  - ▶ Reiz *(Botschaft 1 – offen)* aus dem Erwachsenen-Ich von A, gerichtet an das Erwachsenen-Ich von B:
    »Das Zahlenmaterial ist nicht so einfach zu durchdringen.«
    Sowie *(Botschaft 2 – verdeckt)* aus dem kritischen Eltern-Ich von A, gerichtet an das angepasste Kind-Ich von B:
    ›Dafür sind Sie nicht kompetent genug.‹
  - ▶ Reaktion aus dem Erwachsenen-Ich von B, gerichtet an das Erwachsenen-Ich von A:
    »Wie meinen Sie das?«
- Verdeckte Transaktionen erhöhen das Risiko von Missverständnissen und Konflikten.

Praktische Ableitungen für Sie:

Wenn Sie mit anderen Menschen reden, ist Ihre Körpersprache von großer Bedeutung. Dabei zeigt diese auch häufig an, aus welchem Ich-Zustand Sie sprechen.
Dazu zwei Beispiele:

- »Hier ist es wichtig, Fehler zu vermeiden.«
  - Z. B.: aus dem Erwachsenen-Ich – mit ruhiger Stimme und ausgeglichener Gestik gesprochen.
  - Z. B.: aus dem kritischen Eltern-Ich – mit bestimmendem Tonfall und mit dem Finger auf den Tisch tippend gesprochen. Dadurch wird aus dem Punkt am Satzende quasi ein Ausrufezeichen.

- »Gut, ich werde es versuchen.«
  - Z. B.: aus dem Erwachsenen-Ich - mit ruhiger Stimme und offener Körperhaltung gesprochen.
  - Z. B.: aus dem angepassten Kind-Ich - mit besänftigendem Tonfall und sich unterordnender Körperhaltung gesprochen.

Beim Kommunizieren geht es für Sie darum, die einzelnen Transaktionen, soweit Sie das beeinflussen können, möglichst zielführend zu gestalten. Diese Aspekte dienen Ihnen zur weiteren Orientierung:

1. *Parallele Transaktionen*
   sind in der Regel spannungslos und haben wenig Konfliktpotenzial. Durch sie lässt sich Ihre Kommunikation störungsfreier gestalten. Allerdings gibt es dabei Folgendes zu bedenken: Wenn eine Reihe von parallelen Transaktionen zwischen dem Eltern-Ich (von A) und dem Kind-Ich (von B) stattfinden, können dennoch Spannungen entstehen. Das ist so, da es sein kann, dass sich B zwar erwartungsgemäß verhält, innerlich jedoch mit seiner Kind-Rolle unzufrieden ist.

2. *Gekreuzte Transaktionen*
   bringen mehr Spannungs- und Konfliktpotenzial mit sich. Im positiven Sinne haben Sie dadurch die Möglichkeit, Ihre Kommunikation anzuregen. Gekreuzte Transaktionen können jedoch auch eskalieren: Das kann z. B. der Fall sein, wenn beide Gesprächspartner aus ihrem kritischen Eltern-Ich das angepasste Kind-Ich des Gegenübers ansprechen. Dahinter steht die Erwartung, dass der andere sich unterordnen soll, was dieser aber häufig nicht tut. Das Ergebnis gestaltet sich dann beispielsweise so:
   A: »Jetzt passen Sie doch mal auf!«
   B: »Nicht in diesem Ton!«
   A: »Das müssen Sie schon mir überlassen!«
   B: »Das denke ich nicht: Mäßigen Sie sich!«
   A: »Das ist doch wohl die Höhe!«
   B: »Ja, Ihr Verhalten ist allerdings die Höhe!«
   Usw.

   Derartige Eskalationen können Sie versuchen zu beenden, indem Sie sich möglichst früh aus Ihrem Erwachsenen-Ich verhalten, z. B.: »Frau/Herr XY, lassen Sie uns bitte beide sachlich miteinander sprechen.«

Oder Sie reagieren zuerst aus dem angepassten Kind-Ich und liefern dann noch eine zweite Botschaft aus dem Erwachsenen-Ich hinterher. Das wirkt noch deeskalierender, z. B.: »Ja, ich verstehe, das ist ein wichtiger Punkt: Lassen Sie uns deshalb bitte sachlich darüber sprechen.«
In beiden Fällen handelt es sich in diesem Kontext ebenfalls um eine mehr oder minder gekreuzte Transaktion, die jedoch der Versachlichung dient.

3. *Verdeckte Transaktionen*
haben ein hohes Spannungs- und Konfliktpotenzial. Das können Sie auch bewusst einsetzen. Für eine möglichst störungsfreie Kommunikation sollten Sie allerdings auf solche Doppeldeutigkeiten verzichten. Bringen Sie derartige Botschaften lediglich ein, wenn Sie wissen, dass Ihr Interaktionspartner das versteht und aushält oder mag und lustig findet.
Falls Ihnen jemand auf diese Weise entgegentritt und Ihnen das unangenehm ist, ist es eine gute Reaktionsvariante, nachzufragen, was Ihr Gegenüber genau meint.

Im Zusammenhang mit Ihren Transaktionen haben Sie ebenfalls die Möglichkeit, Ihr Verhalten zu reflektieren und dabei zu überdenken, was Sie beibehalten oder ändern möchten. Das umfasst sowohl Ihre Aktionen bzw. Ihre Reize als auch Ihre Reaktionen. Anhaltspunkte sind hier beispielsweise, wie Sie in welchen Situationen zu wem sprechen, was Sie dadurch erreichen oder wie es bei Ihnen zu Missverständnissen, Streit und Konflikten kommt.

Auf dieser Grundlage formulieren Sie dann Veränderungsziele und setzen diese in Ihrer beruflichen Kommunikation um. Das können Sie allein machen oder sich hierfür Unterstützung holen.

5.4 Innere Antreiber – Segen und Fluch

Wahrscheinlich haben Sie als Kind auch Hinweise und Ermahnungen erhalten, sich anzupassen, zu beeilen, zusammenzureißen, anzustrengen oder/und Fehler zu vermeiden. Das sind, grundlegend betrachtet, Aspekte, die aus der Sicht Ihrer Eltern bzw. Erziehungspersonen dazu beitragen sollten, dass Sie sich in der Gesellschaft positiv entwickeln. Da Ihnen diese Dinge bereits sehr früh und über einen langen Zeitraum hinweg entgegengebracht wurden, haben Sie sie in der Regel angenommen und verhalten sich auch als Erwachsener noch mehr oder minder ausgeprägt danach. Das kann bedenklich werden, wenn Sie diese inneren Antreiber zu stark verinnerlicht haben und zu ausgeprägt leben. Dies hat im Wesentlichen zwei Gründe: So können sich zum einen Überforderung und gesundheitliche Schädigungen entwickeln, da sich niemand permanent anpassen, beeilen, zusammenreißen, fehlerfrei verhalten und/oder anstrengen kann. Zum anderen zeigen sich diese Antreiber in Ihrem Verhalten bzw. Ihrer Sprache und Körpersprache. Hierbei lassen Sie übertriebene Ausprägungen mit hoher Wahrscheinlichkeit unausgeglichener und somit weniger gut auftreten und kommunizieren.

Meist werden diese fünf inneren Antreiber unterschieden:

1. Mach's (anderen) recht
2. Beeil Dich
3. Sei stark
4. Sei perfekt
5. Streng Dich an

Erläuterungen zu verbalen und nonverbalen Verhaltensmerkmalen dieser inneren Antreiber. Dabei erfolgen die Darstellungen nach Gudrun Hennig und Georg Pelz (2007, S. 116 f.). Die Merkmale sind bei leichtem Stress besonders gut zu erkennen:

1. *Mach's (anderen) recht*
   - Sprache, z. B.: könntest Du? meinst Du? wirklich? richtig? ist es recht?
   - Stimme, z. B.: bittend, leise, hoch, weinerlich, verführerisch
   - Gestik, z. B.: bittend, ausgestreckte Hände
   - Ausdruck, z. B.: ausweichend, unterwürfig, Blick nach oben

2. *Beeil Dich*
   - Sprache, z. B.: Halbsätze, Wortschwall, wir müssen, fangen wir an, keine Zeit
   - Stimme, z. B.: sehr schnell, ungeduldig, bewegt
   - Gestik, z. B.: hektisch, sich winden, aufgeregt, zappelig
   - Ausdruck, z. B.: schnelle Bewegungen, unruhiger Blick, verkniffene Augenbrauen

3. *Sei stark*
   - Sprache, z. B.: über Gefühle reden, es macht mir nichts, Du musst damit fertig werden, ist mir egal

- Stimme, z. B.: barsch, hart, monoton
- Gestik, z. B.: Arme verschränkt, fester Stand, starre Haltung
- Ausdruck, z. B.: verhärtet, kalt, bewegungslos, maskenhaft, versteinert

4. *Sei perfekt*
   - Sprache, z. B.: nummerieren und alphabetisieren, Schachtelsätze, exakte Ausdrucksweise, »vielleicht, wahrscheinlich«
   - Stimme, z. B.: abgehackt, fordernd, gut moduliert, verhalten
   - Gestik, z. B.: Zeigefinger betont, angespannte Handgelenke, abgezirkelte Gestik
   - Ausdruck, z. B.: streng, ernst, gerötet vor Anspannung, aufrecht, herabschauend

5. *Streng Dich an*
   - Sprache, z. B.: zwei Fragen nacheinander stellen, ohne Antwort abzuwarten, Fragen wiederholen, die verstanden wurden, kann nicht, weiß nicht, versuchen
   - Stimme, z. B.: vorwurfsvoll, ungeduldig
   - Gestik, z. B.: drängend, ungestüm, vorgebeugt, steife Schultern
   - Ausdruck, z. B.: verwirrter Blick, zu viel Mimik und Pantomimik

Praktische Ableitungen für Sie:

Die inneren Antreiber sind für Sie durchaus nützlich, um sich beruflich, insbesondere in einer Leistungsgesellschaft, erfolgreich zu verhalten. Wie bereits erwähnt, ist es die Übertreibung, die häufig zu Problemen führt und auch Ihren Auftritt verschlechtert.

Wenn Sie wissen möchten, ob Sie hier noch auf einem guten Weg sind, können Sie Ihr Verhalten allein oder mit der Hilfe anderer reflektieren. Dabei überdenken Sie z. B. für jeden Antreiber einzeln, ob dieser allgemein, in spezifischen Situationen oder gegenüber bestimmten Personen zu stark einwirkt und Sie beeinträchtigt.

Überdies haben Sie die Möglichkeit, für sich selbst einen Fragebogen auszufüllen und auszuwerten, der Ihnen die Ausprägung Ihrer Antreiber verdeutlicht. Dazu finden Sie im Anschluss an diese Ausführungen den Fragebogen innere Antreiber (Kap. 5.5) dargestellt. Oder Sie machen das im Kontext eines Coachings. Dabei können Sie die Resultate mit Ihrem Coach besprechen und eventuell zusammen weitere Maßnahmen ableiten.

Hier finden Sie verschiedene Ansätze, um übertriebene innere Antreiber wieder in gesunde Bahnen zu lenken. Das soll Ihnen als Orientierung für Ihr individuelles Vorgehen dienen:

- Beispielsweise können Sie
  - sich vor Augen führen, was Sie alles für sich gewinnen, wenn Sie dem betreffenden Antreiber etwas weniger Aufmerksamkeit schenken.
  - sich mit eigenen Worten ausgleichende Sätze formulieren, die Sie sich in relevanten Situationen selbst sagen.
    Beispiele hierfür sind:
    - »Ich darf auch an mich denken.«
    - »Es ist okay, mir Zeit zu lassen.«
    - »Gefühle zuzulassen ist in Ordnung.«
    - »Es ist okay, auch Fehler zu machen.«
    - »Ich darf es mir leicht machen.«
  - ausprobieren, was passiert, wenn Sie den Antreiber, um den es geht, etwas lockerer sehen und weniger ausgeprägt verfolgen. Damit können Sie auch in Ihrer Freizeit beginnen und es erst zu einem späteren Zeitpunkt in den Beruf übertragen. Oder Sie probieren es anfangs jeden Tag eine Stunde und weiten das dann immer mehr aus.
- Dabei sollten Sie
  - darauf achten, sich bewältigbare Herausforderungen zu stellen. So entwickeln Sie sich durch positive Erfahrungen weiter.
  - sich bewusst sein, dass Veränderung Zeit braucht und jeder Tag ein Schritt in die richtige Richtung ist.

Wenn Sie Ihre übertriebenen inneren Antreiber angehen, gewinnen Sie allgemein betrachtet mehr Freiheit und Leichtigkeit. Das zeigt sich ebenfalls in einem ausgeglicheneren und positiveren Auftreten sowie einem souveräneren Kommunikationsverhalten.

5.5 Fragebogen innere Antreiber – bringt Erkenntnisse

Dieser Fragebogen bietet Ihnen die Möglichkeit, die gegenwärtige Ausprägung Ihrer inneren Antreiber zu veranschaulichen.

Dabei erfolgen die Darstellungen mit freundlicher Genehmigung des Ott Verlags bzw. der Hep Verlag AG, stark angelehnt an Karl Kälin und Peter Müri (2015, S. 83 ff.), wobei die Items direkt übernommen wurden.

Hinweise zum Bearbeiten bzw. Ausfüllen

- Nehmen Sie sich ca. 20 bis 30 Minuten Zeit.
- Der Bogen umfasst insgesamt 50 zu bewertende Aussagen.
  - Bearbeiten Sie jede der Aussagen.
  - Beziehen Sie sich entweder auf Ihr Berufs- oder auf Ihr Privatleben und behalten Sie dies einheitlich bzw. durchgängig so bei.
    Im Rahmen dieses Buchs erscheint es für Sie ratsam, den Fokus auf den beruflichen Kontext zu legen. Sie haben natürlich zudem die Möglichkeit, den Bogen zweimal auszufüllen: einmal bezogen auf das Berufliche und einmal auf das Private. Auch dieser Vergleich kann sehr interessant für Sie sein.

- Nehmen Sie so offen wie möglich Stellung.
- Umkreisen Sie jeweils den Ihrer Ansicht nach auf Sie zutreffenden Wert der Bewertungsskala (von 1 bis 5):
  Die Aussage trifft
  - 1 = gar nicht
  - 2 = kaum
  - 3 = etwas
  - 4 = gut
  - 5 = voll und ganz

  auf mich zu.
- Es gibt keine richtigen oder falschen Angaben.

Aussagen

Bearbeiten Sie nun die Aussagen in der beschriebenen Weise:

1	2	3	4	5	1. Wann immer ich eine Arbeit mache, dann mache ich sie gründlich.
1	2	3	4	5	2. Ich fühle mich verantwortlich, dass diejenigen, die mit mir zu tun haben, sich wohlfühlen.
1	2	3	4	5	3. Ich bin ständig auf Trab.
1	2	3	4	5	4. Anderen gegenüber zeige ich meine Schwächen nicht gerne.
1	2	3	4	5	5. Wenn ich raste, roste ich.
1	2	3	4	5	6. Häufig brauche ich den Satz: »Es ist schwierig, etwas so genau zu sagen.«

1	2	3	4	5	7. Ich sage oft mehr, als eigentlich nötig wäre.
1	2	3	4	5	8. Es fällt mir schwer, Leute zu akzeptieren, die nicht genau sind.
1	2	3	4	5	9. Es fällt mir schwer, Gefühle zu zeigen.
1	2	3	4	5	10. »Nur nicht lockerlassen« ist meine Devise.
1	2	3	4	5	11. Wenn ich eine Meinung äußere, begründe ich sie auch.
1	2	3	4	5	12. Wenn ich einen Wunsch habe, erfülle ich ihn mir schnell.
1	2	3	4	5	13. Ich liefere einen Bericht erst ab, wenn ich ihn mehrere Male überarbeitet habe.
1	2	3	4	5	14. Leute, die »herumtrödeln«, regen mich auf.
1	2	3	4	5	15. Es ist für mich wichtig, von den anderen akzeptiert zu werden.
1	2	3	4	5	16. Ich habe eher eine harte Schale, aber einen weichen Kern.
1	2	3	4	5	17. Ich versuche oft herauszufinden, was andere von mir erwarten, um mich danach zu richten.
1	2	3	4	5	18. Leute, die unbekümmert in den Tag hinein leben, kann ich nur schwer verstehen.
1	2	3	4	5	19. Bei Diskussionen unterbreche ich oft die anderen.
1	2	3	4	5	20. Ich löse meine Probleme selbst.
1	2	3	4	5	21. Aufgaben erledige ich möglichst rasch.
1	2	3	4	5	22. Im Umgang mit anderen bin ich auf Distanz bedacht.
1	2	3	4	5	23. Ich sollte viele Aufgaben noch besser erledigen.
1	2	3	4	5	24. Ich kümmere mich persönlich auch um nebensächliche Dinge.
1	2	3	4	5	25. Erfolge fallen nicht vom Himmel; ich muss sie hart erarbeiten.
1	2	3	4	5	26. Für dumme Fehler habe ich wenig Verständnis.
1	2	3	4	5	27. Ich schätze es, wenn andere auf meine Fragen rasch und bündig antworten.
1	2	3	4	5	28. Es ist mir wichtig, von anderen zu erfahren, ob ich meine Sache gut gemacht habe.
1	2	3	4	5	29. Wenn ich eine Aufgabe einmal begonnen habe, führe ich sie auch zu Ende.

1	2	3	4	5	30. Ich stelle meine Wünsche und Bedürfnisse zugunsten anderer Personen zurück.
1	2	3	4	5	31. Ich bin anderen gegenüber oft hart, um von ihnen nicht verletzt zu werden.
1	2	3	4	5	32. Ich trommle oft ungeduldig mit den Fingern auf den Tisch.
1	2	3	4	5	33. Beim Erklären von Sachverhalten verwende ich gerne die klare Aufzählung: Erstens ...; zweitens ...; drittens ...
1	2	3	4	5	34. Ich glaube, dass die meisten Dinge nicht so einfach sind, wie viele meinen.
1	2	3	4	5	35. Es ist mir unangenehm, andere Leute zu kritisieren.
1	2	3	4	5	36. Bei Diskussionen nicke ich häufig mit dem Kopf.
1	2	3	4	5	37. Ich strenge mich an, um meine Ziele zu erreichen.
1	2	3	4	5	38. Mein Gesichtsausdruck ist eher ernst.
1	2	3	4	5	39. Ich bin nervös.
1	2	3	4	5	40. So schnell kann mich nichts erschüttern.
1	2	3	4	5	41. Meine Probleme gehen die anderen nichts an.
1	2	3	4	5	42. Ich sage oft: »Macht mal vorwärts.«
1	2	3	4	5	43. Ich sage oft: »genau«, »exakt«, »klar«, »logisch«.
1	2	3	4	5	44. Ich sage oft: »Das verstehe ich nicht ...«
1	2	3	4	5	45. Ich sage eher: »Könnten Sie es nicht einmal versuchen?« als »Versuchen Sie es einmal.«
1	2	3	4	5	46. Ich bin diplomatisch.
1	2	3	4	5	47. Ich versuche, die an mich gestellten Erwartungen zu übertreffen.
1	2	3	4	5	48. Beim Telefonieren bearbeite ich nebenbei oft noch Akten.
1	2	3	4	5	49. »Auf die Zähne beißen« heißt meine Devise.
1	2	3	4	5	50. Trotz enormer Anstrengung will mir vieles einfach nicht gelingen.

Tabelle – Werte und Summen

Fügen Sie jetzt in der folgenden Tabelle neben den vorgegebenen Aussagennummern Ihre markierten Werte ein. Sehen Sie dazu jeweils bei der betreffenden Aussage nach, welchen Wert Sie umkreist haben und übertragen Sie diesen.

Zählen Sie anschließend bei jedem der fünf inneren Antreiber Ihre Werte zusammen und verzeichnen Sie die Summen ebenfalls:

Mach's (anderen) recht		Beeil Dich		Sei stark		Sei perfekt		Streng Dich an	
Nummer	**Wert**	**Nummer**	**Wert**	**Nummer**	**Wert**	**Nummer**	**Wert**	**Nummer**	**Wert**
2.		3.		4.		1.		5.	
7.		12.		9.		8.		6.	
15.		14.		16.		11.		10.	
17.		19.		20.		13.		18.	
28.		21.		22.		23.		25.	
30.		27.		26.		24.		29.	
35.		32.		31.		33.		34.	
36.		39.		40.		38.		37.	
45.		42.		41.		43.		44.	
46.		48.		49.		47.		50.	
Summe		**Summe**		**Summe**		**Summe**		**Summe**	

Grafische Darstellung

Zeichnen Sie nun in der betreffenden Säule jedes inneren Antreibers Ihre in der vorhergehenden Tabelle errechneten Summenwerte ein:

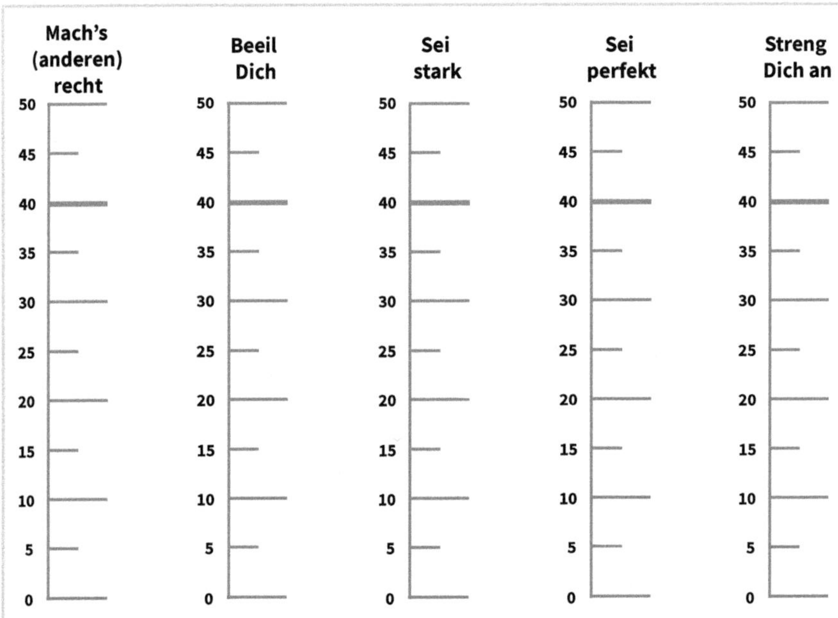

Insbesondere bei Summenwerten über 40 ist es sehr wahrscheinlich, dass die zugehörigen Antreiber in Gesprächen bereits innerhalb einiger Minuten beobachtbar sind.

Jetzt haben Sie die Möglichkeit, die sich aus dem Bearbeiten des Fragebogens ergebenden Ausprägungen Ihrer inneren Antreiber zu ersehen, zu vergleichen, zu interpretieren etc. Daraus können Sie gegebenenfalls Schritte ableiten, um Ihre Persönlichkeit und Ihr Verhalten weiterzuentwickeln. Siehe hierzu die Erläuterungen zu den inneren Antreibern (Kap. 5.4).

5.6 Innere Grundeinstellungen – ich und Du

Wenn Sie Menschen dahingehend beobachten, wie sie sich bei der Interaktion mit anderen geben, werden Sie Unterschiede erkennen: Die einen fühlen sich scheinbar sehr wohl in ihrer Haut und behandeln ihre Interaktionspartner wertschätzend.

Andere wirken überaus selbstsicher, machen aber den Eindruck, als würden sie auf ihre Gegenüber herabschauen. Wieder andere zeigen eher unsicheres Verhalten und tendieren dazu, sich unterzuordnen. Zudem gibt es auch Personen, die den Anschein machen, als hätten sie in Bezug auf sich selbst und ihre Mitmenschen resigniert. Hinter diesen Verschiedenheiten stehen häufig ebenso unterschiedliche wie einflussreiche Einstellungen gegenüber sich und anderen. Diese werden in der frühen Kindheit ausgebildet und wirken ein Leben lang, nicht ausschließlich, aber stark, auf das Verhalten ein. Somit sind das Auftreten und das Kommunizieren ebenfalls gewichtig davon beeinflusst.

Die vier inneren Grundeinstellungen:

1. Ich bin o. k. – Du bist o. k.
2. Ich bin o. k. – Du bist nicht o. k.
3. Ich bin nicht o. k. – Du bist o. k.
4. Ich bin nicht o. k. – Du bist nicht o. k.

Erläuterungen zu den inneren Grundeinstellungen. Dabei erfolgen die Ausführungen nach Gudrun Hennig und Georg Pelz (2007):

1. *Ich bin o. k. – Du bist o. k.*
   Ist von Geburt an gegeben und bleibt, wenn die Bedürfnisse des Säuglings bzw. Kindes erfüllt werden.

2. *Ich bin o. k. – Du bist nicht o. k.*
   Bildet sich aus, um dem Empfinden selbst nicht o. k. zu sein, entgegenzusteuern. Dies entsteht bei Kindern, die Feindseligkeit, wie z. B. Ausbeutung oder Missbrauch, erfahren.

3. *Ich bin nicht o. k. – Du bist o. k.*
   Entwickelt sich aufgrund von Ohnmachts- und Abhängigkeitserfahrungen, die sich in Minderwertigkeitsgefühlen äußern. Das ist beispielsweise der Fall, wenn wichtige Bedürfnisse unerfüllt bleiben.

4. *Ich bin nicht o. k. – Du bist nicht o. k.*
   Entsteht, falls mit dem Kind schlecht umgegangen wird und es deshalb sich selbst sowie andere Menschen als nicht wertvoll empfindet. Das führt zu Hoffnungslosigkeit, Verzweiflung, Hass etc.

Praktische Ableitungen für Sie:

Sie haben sich Ihre innere Grundeinstellung nicht selbst gewählt, werden jedoch stark von ihr beeinflusst. Das äußert sich auch in Ihrem Auftritt und Ihrem Kommunikationsverhalten.

Diese Beispiele dienen Ihnen zur weiteren Verdeutlichung:

1. *Ich bin o. k. – Du bist o. k.*
   Die Haltung lässt einen Menschen grundlegend mit sich im Reinen sein und andere auf Augenhöhe behandeln. Dadurch wirkt er beispielsweise ausgeglichen, leistungsfähig, wertschätzend und überzeugend.

2. *Ich bin o. k. – Du bist nicht o. k.*
   Personen mit dieser Grundeinstellung erhöhen sich selbst. Dabei ist es ihnen meist wichtig, stärker bzw. besser als andere zu wirken. Das gelingt häufig ganz gut. Über längere Zeit und bei näherer Betrachtung werden jedoch z. B. ihr Geltungsbedürfnis, ihre Überspanntheit und ihre mangelnde Wertschätzung erkennbar.

3. *Ich bin nicht o. k. – Du bist o. k.*
   Jemand mit dieser Auffassung ordnet sich selbst anderen unter. Das kann sich beispielsweise in unsicherem Verhalten, mangelnder Durchsetzungskraft und wenig überzeugender Körpersprache zeigen.

4. *Ich bin nicht o. k. – Du bist nicht o. k.*
   Ein Mensch, der mit dieser Grundeinstellung lebt, schätzt weder sich noch andere besonders wert und empfindet viele Dinge als sinnlos. Dies kann sich z. B. durch geringe Motivation, wenig Überzeugungskraft und mangelnde Wertschätzung äußern.

Die inneren Grundeinstellungen sind sehr vereinfachend und plakativ. Das lässt Sie Ihre eigene Einstellung besser erkennen. Dabei verhalten Sie sich nicht permanent nur aus einer dieser Haltungen heraus. Allerdings wird eine davon deutlich stärker auf Sie einwirken als die übrigen. Um diese zu erkennen, können Sie das allein, im Gespräch mit anderen und/oder fachkundig begleitet reflektieren.

Falls Sie überwiegend aus der Einstellung »Ich bin o. k. – Du bist o. k.« agieren und reagieren, ist das ein gutes Fundament. Wenn Sie sich jedoch aus einer anderen Haltung hin zu dieser Grundeinstellung entwickeln möchten, gilt es, diesbezüglich aktiv zu werden. Auch hier haben Sie die Möglichkeit, das allein oder mit Unterstützung anzugehen, wobei eine professionelle Begleitung häufig sinnvoll erscheint.

Es ist ein gewichtiger Aspekt der Transaktionsanalyse, Menschen bei ihrer bewussten Ausbildung einer beiderseitigen Okay-Haltung zu fördern. Deshalb bietet sie dafür hilfreiche Ansätze. Aus diesem Grund sei nochmals auf die Möglichkeit verwiesen, sich z. B. in Form von Internetbeiträgen, Büchern, Seminaren und Ausbildungen weiter mit der Transaktionsanalyse zu beschäftigen.

Die Einstellung »Ich bin o. k. – Du bist o. k.« ermöglicht Ihnen eine gesündere Beziehung zu sich selbst und zu anderen. Darüber hinaus zeigt sie sich in einem positiveren und überzeugenderen Auftreten sowie einem souveräneren Kommunikationsverhalten.

Siehe ergänzend zur hier behandelten Thematik der inneren Grundeinstellungen eventuell zudem die Ausführungen zum Selbstvertrauen (Kap. 4.1).

6 Körpersprache – Informationen ohne Worte

Wie bereits innerhalb der vorhergehenden Ausführungen mehrfach ersichtlich, spielt Ihre Körpersprache eine gewichtige Rolle im Hinblick auf Ihr Auftreten und Ihre Interaktionen. Siehe dazu gegebenenfalls die Thematiken Vertrauensaufbau (Kap. 4.4), innere Anteile (Kap. 5.1), Transaktionen (Kap. 5.3) und innere Antreiber (Kap. 5.4).

Dabei ist mit Körpersprache der Anteil Ihrer Kommunikation gemeint, den Sie, abgesehen von Ihren Worten, durch körperliche Signale an andere senden und auch so von diesen empfangen. Deshalb ist anstatt von Körpersprache oft von nonverbaler Kommunikation die Rede.

Die Körpersprache bzw. nonverbale Kommunikation beinhaltet viele Teilaspekte – sehr stark angelehnt an Dieter-W. Allhoff und Waltraud Allhoff (2016, S. 20 f., 41):

- **Körperlicher Ausdruck**
  - Körperhaltung und -bewegung
  - Gestik
  - Mimik
  - Blickkontakt
- **Räumliches Verhalten**
  - Distanzverhalten
  - Körperorientierung
  - Bewegungen im Raum
- **Körperliche Kontaktaufnahme**
- **Stimmlicher Ausdruck**
  - Stimme – Stimmlage und -klang
  - Aussprache – Deutlichkeit und Dialekt
  - Betonung – Lautstärke, Sprechgeschwindigkeit und -melodie

Dazu noch eine Anmerkung: Genau genommen können die Bezeichnungen »Körpersprache« und »nonverbale Kommunikation« unterschieden werden: So sind alle hier angeführten Aspekte ein Teil der nonverbalen Kommunikation. Als Körpersprache im engeren Sinn wird dabei aber lediglich der körperliche Ausdruck bezeichnet. Da das jedoch in der Alltagssprache kaum Beachtung findet, werden auch in diesem Buch beide Benennungen synonym verwandt.

Praktische Ableitungen für Sie:

Wenn Sie sprechen, wirkt neben Ihren Worten ebenso Ihre Körpersprache erheblich mit ein. Hierbei verstärken Sie Ihre Ausführungen z. B. durch Ihren körperlichen Ausdruck. Oder Sie machen beispielsweise über den Einsatz Ihrer Stimme deutlich, wie Sie das Gesprochene meinen. Überdies können Sie auch vollkommen ohne Worte kommunizieren, indem Sie z. B. dafür geeignete Gesten einsetzen.

Dabei variiert Ihre Körpersprache, je nachdem, zu wem Sie sprechen, wie Sie gestimmt sind, wie viel Zeit Sie haben, wie wichtig Ihnen das Thema ist usw. Dazu bieten Ihnen die nachfolgenden Ausführungen zur nonverbalen Kommunikation eine grundlegende und allgemeine Orientierung. Beim praktischen Anwenden sind zudem stets die individuelle Persönlichkeit, das Gegenüber, die Situation, die Kultur etc. zu berücksichtigen.

Einen großen Teil Ihrer nonverbalen Signale senden Sie, ohne es selbst zu bemerken. Wenn Sie hier bewusster auftreten wollen, erscheint es sinnvoll, Ihre Körpersprache allein oder mit anderen zu reflektieren. Dafür ist es ein gutes Mittel, sich selbst zu filmen oder filmen zu lassen, um sich anschließend von außen betrachten und hören zu können. Sollte Ihnen das unangenehm sein, geht es Ihnen wie vielen Menschen. Dennoch gewinnen Sie dadurch wertvolle Erkenntnisse über Ihr Auftreten und Ihre Wirkung.

Auf dieser Basis entscheiden Sie dann, was Sie beibehalten oder gegebenenfalls anders machen wollen. Anschließend formulieren Sie dahingehende Ziele und setzen diese im Laufe der Zeit in der Praxis um.

Bedenken Sie jedoch, dass die nonverbale Kommunikation viele Teilbereiche umfasst und Sie nicht in allen perfekt sein müssen: Jeder Mensch hat individuelle Eigenheiten, die ihn ausmachen und authentisch wirken lassen. Das gilt auch für Sie und Ihre Körpersprache. Im Grunde genommen geht es darum, glaubwürdig und zielführend aufzutreten.

Nachstehend wird auf die hier angeführten Bereiche jeweils einzeln eingegangen. Daraufhin folgen ergänzende Aspekte, die für Ihre Körpersprache bzw. nonverbale Kommunikation ebenfalls von Bedeutung sind.

6.1 Körperlicher Ausdruck - sichtbare Signale

Der körperliche Ausdruck beinhaltet vier Teilaspekte - sehr stark angelehnt an Dieter-W. Allhoff und Waltraud Allhoff (2016, S. 20 f.):

1. Körperhaltung und -bewegung
2. Gestik
3. Mimik
4. Blickkontakt

Erläuterungen zu den Teilbereichen des körperlichen Ausdrucks:

1. *Körperhaltung und -bewegung*
   Nach Michael Argyle (2013) umfasst die Körperhaltung in erster Linie die drei menschlichen Haupthaltungen: das Stehen, das Sitzen und das Liegen. Dazu kommen das Hocken und das Knien. Darüber hinaus hat jede Haltung ihre Variationen, die sich durch die jeweilige Positionierung der Arme und Beine sowie die verschiedenen Beugewinkel des Körpers etc. ergeben.

   Das Sprechen ist von Bewegungen des ganzen Körpers begleitet, wobei vorwiegend die Hände, der Kopf, der Gesichtsausdruck und der Blick sowie die Füße zum Einsatz kommen.

Praktische Ableitungen für Sie:

Da Sie im beruflichen Kontext bei Ihren Interaktionen mit anderen Personen in der Regel stehen oder sitzen, wird nun auf diese beiden Haltungen näher eingegangen. Dabei können Sie sich grundlegend an diesen Empfehlungen orientieren:

- Beispielhafte Grundhaltung im *Stehen*:
  - *Hüftbreiter Stand*
    Schulterbreites Stehen lässt Sie in den Augen vieler Menschen zu dominant erscheinen, während Sie mit einem geschlossenen Stand oftmals zu brav wirken.
  - *Hüfte ruhig*
    Durch ein zu intensives Hin-und-Her-Bewegen der Hüfte lenken Sie die Aufmerksamkeit Ihres Gegenübers schnell vom Inhalt Ihres Gesprochenen ab.
  - *Hände im positiven Bereich*
    Dabei befinden sich Ihre Hände zwischen Gürtel und Brust vor Ihrem Oberkörper. Das lässt Sie für die meisten Kommunikationspartner motivierter und engagierter erscheinen.
  - *Schultern seitlich*
    Wenn Sie die Schultern nach vorne hängen lassen, machen Sie meist einen unterspannten und wenig engagierten Eindruck. Durch das Gegenteil, also die Bauch-rein-Brust-raus-Haltung mit zu stark nach hinten gezogenen Schultern, wirken Sie schnell überspannt und unnatürlich.
  - *Blickkontakt*
    Ihr Blickkontakt intensiviert Ihr Gesprochenes und fördert die Aufmerksamkeit Ihrer Zuhörer.
- Beispielhafte Grundhaltung im *Sitzen*:
  - *Füße hüftbreit*
    Macht analog zum hüftbreiten Stand einen guten Eindruck.
  - *Knie nicht zu weit auseinander*
    Führt die vorteilhafte Wirkung der hüftbreit platzierten Füße weiter.
  - *Hände sichtbar*
    So werden Sie in der Regel positiver wahrgenommen, als wenn Ihre Hände z. B. unter der Tischplatte verbleiben. Legen Sie also Ihre Hände (und die Unterarme) für Ihr Gegenüber sichtbar auf den Tisch, die Stuhllehnen oder die Oberschenkel.

- *Schultern seitlich*
  Verhält sich wie beim Stehen.
- *Blickkontakt*
  Verhält sich ebenfalls wie beim Stehen.

Auch wenn die Körperhaltung ein sehr individueller Aspekt ist, erscheinen derartige Hinweise hilfreich, um bei Bedarf Orientierung zu bieten. Allerdings sollten Sie diese nicht einfach so übernehmen. Vielmehr ist es für Sie sinnvoll, diese Anregungen auszuprobieren, zu überdenken und gegebenenfalls für sich anzupassen. Dazu noch einige Anmerkungen:

- Es ist für Sie nicht notwendig, sich permanent in dieser Art zu positionieren. Verstehen Sie dies vielmehr als Grundhaltungen für den Beginn von Reden und wichtigen bzw. ernsten Gesprächen. Bei längerem Kontakt mit dem Publikum oder dem Gegenüber sollten Sie sich an den Verlauf der Kommunikation anpassen. Das ermöglicht Ihnen häufig, sich nach einiger Zeit freier und lockerer zu verhalten, ohne einen negativen Eindruck zu machen. Wenn es die Situation und die zwischenmenschliche Beziehung erlauben, ist vieles möglich: Dann können Sie beispielsweise auch mit einer Hand in der Hosentasche oder auf der Tischkante sitzend präsentieren und müssen im Gespräch nicht immer darauf achten, dass Ihre Hände sichtbar sind.
- Insbesondere die Hände vor dem Körper zu halten oder auf dem Tisch zu platzieren, erscheint vielen Sprechern anfangs ungewohnt und gekünstelt. Aufgrund der angeführten Vorteile lohnt es sich jedoch, dies zumindest eine Zeit lang zu versuchen. Anschließend können Sie reflektieren, wie es Ihnen damit geht und welche Wirkung Sie dadurch erzielen. Falls Sie hierbei zu der Erkenntnis gelangen, dass Sie das mehr einengt, als es Ihnen nutzt, müssen Sie es nicht zwingend in der beschriebenen Art umsetzen.
- In Bezug auf den Stand haben Sie auch die Möglichkeit, das Gewicht auf ein Bein zu verlagern. Solange Sie dabei mit dem jeweils unbelasteten Bein keine irritierenden Bewegungen ausführen und das Standbein nicht zu schnell hintereinander wechseln, macht das in der Regel dennoch ein gutes Bild.
- Wenn Sie an einem Tisch sitzen und Ihr Gegenüber Ihre Beine nicht sehen kann, ist es auch nicht so wichtig, wie Sie Ihre Füße und Knie positionieren.

Die beschriebenen Grundhaltungen haben sich in der Praxis bewährt und geben eine mögliche Richtung vor. Daraus erfolgen dann Ihre Bewegungen bzw. Ihre Gestik, Standortwechsel, mit der Kommunikation verbundenen Tätigkeiten etc.

Insgesamt betrachtet sollten Sie eine aufrechte und gelöste Körperhaltung anstreben, da dies Verspannungen verhindert oder mindert, und sich positiv auf Ihre Atmung auswirkt.

2. *Gestik*
   In Anlehnung an Dieter-W. Allhoff und Waltraud Allhoff (2016) sowie an Michael Argyle (2013) sind mit Gestik Bewegungen und Zeichen gemeint, die Informationen übermitteln. Diese werden primär mit den Armen und Händen ausgeführt, wobei es auch andere, wie beispielsweise Kopf- oder Fußgesten, gibt. Grundlegend lassen sich drei Formen unterscheiden:
   - *Sprachbegleitende Gesten*
     Unterstützende, verdeutlichende, verstärkende, abschwächende, sinnanzeigende etc. Signale: Z. B. zu den Worten passende und diese untermalende Bewegungen, das veranschaulichende Darstellen von Gegenständen mit den Händen oder eine abwinkende Handbewegung, um eine negative Wertung auszudrücken.
   - *Sprachersetzende Gesten*
     Bewegungen oder Zeichen, die ohne Worte verstanden werden: Z. B. Daumen nach oben, um zu verdeutlichen, dass etwas für gut befunden wird oder Handheben als Signal einer Meldung.
   - *Körperorientierte Gesten*
     Tragen in Bezug auf das Begleiten und das Ersetzen des Gesprochenen keine Bedeutung. Verdeutlichen jedoch Emotionen, wie Erregung, Nervosität, Angst etc., nach außen: Z. B. verkrampfte sowie sich gegenseitig reibende oder knetende Hände, ständiges Zurechtrücken der Kleidung und häufiges Kratzen.

Praktische Ableitungen für Sie:

Es ist für Sie grundsätzlich von Vorteil, beim Sprechen zu gestikulieren. Das verdeutlicht Ihre Ausführungen zusätzlich, lässt diese engagierter und interessanter wirken und unterstützt Ihren Redefluss.

Dabei erscheint es für Sie sinnvoll, mit dem Thema Gestik in einer natürlichen Weise umzugehen: Wenn Sie also zu den Menschen gehören, die dazu neigen, ihr Gesprochenes gestisch zu untermalen, sollten Sie das auch zeigen. Falls Sie jedoch mit eher wenig Gestik sprechen, ist das eben so und gehört zu Ihrem körperlichen Ausdruck.

Hierzu einige Anmerkungen:

- Unterdrücken Sie Ihre sprachbegleitende (und -ersetzende) Gestik nicht, um dadurch scheinbar souveräner oder seriöser zu wirken. Es gibt zwar manche förmlichen Anlässe, bei denen ein eher reduziertes Gestikulieren angebracht ist, diese sind aber für die meisten Menschen im Berufsleben sehr selten.
- Zeigen Sie keine erzwungenen oder einstudierten Gesten. Das wirkt in der Regel gekünstelt und unnatürlich.
- Versuchen Sie Haltungen zu vermeiden, die es Ihnen erschweren, zu gestikulieren, wie z. B. verschränkte Arme, sich gegenseitig festhaltende Hände oder das Umfassen eines Unterarms mit der Hand des anderen Arms. Das Öffnen derartiger Haltungen fördert Ihre Gestik.
- Versuchen Sie zudem, die angeführten körperorientierten Gesten zu verringern oder ganz zu vermeiden. Dadurch wirken Sie ruhiger und souveräner, was Sie wiederum überzeugender auftreten und kommunizieren lässt.

3. *Mimik*

Nach Michael Argyle (2013) ist der Gesichtsbereich die wichtigste Ausdruckszone in der nonverbalen Kommunikation. Dabei verdeutlicht die Mimik hauptsächlich diese Aspekte bzw. erfolgen aufgrund der Mimik dahingehende Rückschlüsse:

- Interaktionssignale, z. B.: Unterstützung und Ergänzung des Gesprochenen
- Zwischenmenschliche Einstellungen, z. B.: Zu- oder Abneigung sowie Dominanz oder Unterordnung
- Emotionen, z. B.: Überraschung, Freude, Angst und Wut
- Persönliche Eigenschaften, z. B.: freundlich, abweisend, unterwürfig, dominant

Praktische Ableitungen für Sie:

Als Folge des hohen Mitteilungspotenzials Ihrer Mimik erhält Ihr Gegenüber auf diesem Wege in der Regel viele nonverbale Signale, was natürlich ebenfalls in umgekehrter Weise gilt. Sie müssen also Umstände, wie z. B. Ihre emotionale Gestimmtheit oder Ihre Einstellung zur besprochenen Thematik, nicht unbedingt mit Worten erläutern, da diese aus den Bewegungen Ihres Gesichts abgeleitet werden können. So betrachtet macht Sie Ihre Mimik zugänglicher und leichter einschätzbar. Dabei wirken Menschen mit ausgeprägterer Mimik offener als Personen, die weniger Informationen über die Gesichtsbewegungen übermitteln bzw. preisgeben.

Im beruflichen Kontext sind jedoch auch Interaktionssituationen vorstellbar, in denen Sie sich mimisch bedeckter halten möchten. Das kann mehrere Gründe haben: Beispielsweise könnten Sie anstreben, als Moderator oder Konfliktvermittler betont neutral aufzutreten. Oder Sie wollen bei Einstellungs-, Verhandlungs- sowie Streitgesprächen etc. für andere weniger leicht einzuschätzen sein.

Darüber hinaus ist ebenfalls denkbar, dass Sie eventuell beabsichtigen, aus strategischen Motiven gezielt bestimmte mimische Signale zu zeigen, um dadurch etwaige Vorteile zu erlangen.

Vor diesem Hintergrund ist sowohl das Zurückhalten als auch das absichtsvolle Einsetzen von Mimik trainierbar. Bedenken Sie allerdings, dass dies ebenso für Ihr Gegenüber gilt.

Für einen positiven Eindruck wirken ein freundliches Gesicht und ein authentisches Lächeln wahre Wunder.

4. *Blickkontakt*

Menschen blicken sich bei ihren Interaktionen an. Das dient, angelehnt an Michael Argyle (2013) sowie an Dieter-W. Allhoff und Waltraud Allhoff (2016), beispielsweise dazu, Informationen zu erhalten, den Kontakt aufzunehmen oder diesen zu beenden, Aufmerksamkeit zu zeigen und die Kommunikation zu steuern.

Neben den starken kulturabhängigen Verschiedenheiten des Blickkontakts, unterscheidet sich dessen Dauer auch im Einzelfall deutlich, je nach Persönlichkeit, Thema, Situation etc. Vor dem Hintergrund der situativen Rahmenbedingungen kann festgehalten werden, dass ein zu viel, angemessen oder zu wenig gezeigter Blickkontakt jeweils andere Wirkungen hervorruft:

- Zu viel Blickkontakt (Anstarren), z. B.: zu intim, unangenehm, provokant
- Angemessener Blickkontakt, z. B.: aufmerksam, freundlich, aktiv, selbstbewusst
- Zu wenig Blickkontakt, z. B.: unaufmerksam, ausweichend, kalt, unterwürfig

Praktische Ableitungen für Sie:

Der Blickkontakt könnte der Mimik zugeordnet werden. Dass er häufig, wie auch in diesem Buch, eigenständig behandelt wird, verdeutlicht sein Gewicht im Hinblick auf die nonverbale Kommunikation.

Viele körpersprachliche Aspekte lassen sich durch andere teilweise ausgleichen: So können beispielsweise Menschen mit weniger Gestik ihr Gesprochenes gut unterstützen, indem sie ihre Mimik oder ihre Stimme bewusster einsetzen.
In Bezug auf den Blickkontakt erscheint dies, wenn überhaupt, nur sehr eingeschränkt möglich. Das gilt umso mehr für Kulturen, in denen dem Kontakt durch das Blickverhalten eine hohe Bedeutung zukommt, wie es z. B. in westlichen Kulturen stark verbreitet ist.

Falls Sie sich mit dem Blickkontakt schwertun, weil Sie sich unwohl, unsicher etc. fühlen, teilen Sie das mit vielen Menschen. Dabei erscheint es für Sie ratsam, diese Herausforderung anzunehmen und sich damit zu beschäftigen, da Sie dadurch enorm für Ihren Auftritt sowie Ihre positive und überzeugende Wirkung profitieren.

Wenn Sie mehr Blickkontakt halten möchten, haben Sie die Möglichkeit, sich an folgenden Herangehensweisen zu orientieren:

- Sollte es sich um eine reine Unaufmerksamkeit oder Angewohnheit handeln, bedarf es zweier Dinge: Ihrer Entscheidung, dieses Thema jetzt ernst zu nehmen und anzugehen, sowie der Konsequenz, das so lange zu verfolgen, bis sich eine Verhaltensänderung einstellt. Hierbei ist es auch sinnvoll, dass Sie sich vor geplanten Kommunikationen bewusst vornehmen, Blickkontakt zu halten und dies dann bestmöglich umsetzen sowie nach und nach ausweiten.
- Wenn Ihnen der Blickkontakt aufgrund von Unsicherheitsgefühlen schwerfällt, hilft es Ihnen eventuell, diese teilweise sehr bekannten Ausweich- und Annäherungsmethoden (übergangsweise) anzuwenden: So können Sie Ihrem Kommunikationspartner bei Gesprächen zwischen die Augen blicken. Oder Sie schauen bei Reden und Präsentationen den weiter entfernten Menschen im Publikum knapp über oder zwischen deren Köpfe. Hier haben Sie zudem die Möglichkeit, nicht Einzelpersonen, sondern kleine Gruppen von beispielsweise drei Leuten insgesamt ins Auge zu fassen. Überdies können Sie vor Ihrem Monolog mit einem oder mehreren der bereits Anwesenden Smalltalk betreiben. Mit diesen Personen nehmen Sie dann zu Beginn Ihres Vortrags Blickkontakt auf und weiten den möglichst immer weiter aus.
- Im Falle von mangelndem Blickkontakt im Zusammenhang mit Ihrem Selbstvertrauen sollten Sie sich dem Thema auch von dieser Warte aus widmen. Siehe dazu gegebenenfalls als Einstieg die Ausführungen zum Selbstvertrauen (Kap. 4.1).

Wie bereits angemerkt ist Ihr Blickkontakt von großer Bedeutung für Ihr Auftreten und Ihre kommunikative Wirkung auf andere Menschen.

Siehe hierzu bei Interesse eventuell die Darstellungen zur Kulturabhängigkeit innerhalb der ergänzenden Aspekte (Kap. 6.5) der Körpersprache.

6.2 Räumliches Verhalten – sichtbare Signale

Das räumliche Verhalten umfasst drei Teilaspekte – sehr stark angelehnt an Dieter-W. Allhoff und Waltraud Allhoff (2016, S. 21):

1. Distanzverhalten
2. Körperorientierung
3. Bewegungen im Raum

Erläuterungen zu den Teilbereichen des räumlichen Verhaltens:

1. *Distanzverhalten*
   Nach Michael Argyle (2013), mit Bezug auf Edward T. Hall (1966), lässt der Umstand, wie nahe sich Menschen körperlich kommen, Rückschlüsse auf deren Beziehung zu. Darüber hinaus beeinflusst diese jeweilige Entfernung die Möglichkeiten, nonverbale und verbale Signale auszutauschen. Dabei können für den westlichen Kulturkreis diese vier Distanzzonen unterschieden werden:
   - *Intime Zone – bis 45 cm*
     Bei vertrauten Beziehungen. Möglich sind Körperkontakt, Riechen, Wärme fühlen, Flüstern und eingeschränktes Sehen.
   - *Persönliche Zone – 45 cm bis 1,2 m*
     Bei nahen Beziehungen. Möglich sind Berühren und besseres Sehen, aber kein Riechen.
   - *Gesellschaftliche Zone – 1,2 m bis 3,6 m*
     Bei unpersönlicheren Beziehungen. Hier ist Sehen gut möglich. Zudem sind mehr Blickkontakt und eine lautere Stimme nötig.

- *Öffentliche Zone – ab 3,6 m*
  Bei Personen des öffentlichen Lebens und öffentlichen Anlässen. Hier ist die Mimik schwerer zu sehen bzw. zu erkennen. Zudem sind eine lautere Stimme und eventuell auch ausladendere Bewegungen nötig.

Das Unterschreiten der jeweils angemessenen Distanzzone wird in der Regel als unangenehm empfunden.

Praktische Ableitungen für Sie:

Diese Abstände können Sie als Anhaltspunkte nutzen und in Ihr Verhalten einbeziehen. Dabei erscheint es besonders wichtig, die intime Distanzzone der Menschen in Ihrem beruflichen Umfeld zu respektieren, was ein aktiver Beitrag zur Beziehungspflege ist.

Darüber hinaus haben Sie auch die Möglichkeit, insbesondere die intime Distanzzone anderer zu unterschreiten, was im allgemeinen Unbehagen erzeugt. Wenn Sie dieses Mittel z. B. bei Auseinandersetzungen oder in Verhandlungen einsetzen, belasten Sie damit allerdings die Beziehung zu diesen Personen meist deutlich.

Siehe hierzu eventuell ergänzend die Darstellungen zur Beziehungsebene bzw. zum Eisbergmodell (Kap. 8.3).

Mit Blick auf Ihre Kommunikationssituationen empfiehlt es sich, folgende grobe Richtwerte im Kopf zu behalten: Sprechen Sie bei Ihren Reden und Präsentationen aus wenigstens zwei Metern Entfernung zu den vorne im Publikum sitzenden Personen und wahren Sie bei Ihren Gesprächen etwa eine Armlänge Mindestabstand. Sollten Sie dies aufgrund eines offensichtlich beengten Raumes unterschreiten müssen, wird das Publikum bzw. Ihr Gegenüber das verstehen und dulden, ohne dass dabei die Beziehung leidet. Falls Sie jedoch aus nicht sofort nachvollziehbaren Gründen näher kommen wollen oder müssen, macht es Sinn, diese vorher anzumerken: Wenn Sie beispielsweise in einer lauten Umgebung sprechen, erklärt ein Hinweis auf den hohen Geräuschpegel, warum Sie näher an jemanden herantreten.

Siehe als Ergänzung zu diesen Ausführungen zum Distanzverhalten eventuell auch die Darstellungen zum Territorialverhalten im Rahmen der ergänzenden Aspekte (Kap. 6.5) der Körpersprache.

2. *Körperorientierung*
   Dieter-W. Allhoff und Waltraud Allhoff (2016) zufolge kann die Position, in der Personen bei einer Interaktion zueinander stehen oder sitzen, Auswirkungen auf das Miteinander haben. Dabei lassen sich drei grundlegende Varianten unterscheiden:
   - *Nebeneinander (Seite-an-Seite)*
     Kooperativ – kann jedoch bei z. B. beziehungs- oder hierarchiebedingten Spannungen Stress auslösen bzw. verstärken.
   - *Gegenüber*
     Konkurrierend – ist ungünstig, um zusammen Unterlagen, EDV-Dateien etc. einzusehen.
   - *Übereck (90-Grad-Winkel)*
     Häufige Konversationsposition – umgeht den eventuellen Stress des Nebeneinanders und lässt Informationsmaterialien wesentlich leichter gemeinsam sichten als bei der Gegenüberposition.

Praktische Ableitungen für Sie:

Bei einem Gespräch in Ihren Räumlichkeiten haben Sie in der Regel die Möglichkeit, die Positionen festzulegen. Wählen Sie diese so, wie es für Sie im Hinblick auf Ihr Gesprächsziel passend erscheint, gegenüber oder übereck. Das Nebeneinandersitzen oder -stehen ist besonders mit fremden Personen unüblich, insbesondere wenn noch andere Plätze frei sind.
Dann bieten Sie Ihrem Kommunikationspartner einen Platz an.

Wenn Sie mit jemandem in dessen Räumen sprechen und Sie ohne eine konkrete Platzzuweisung aufgefordert werden, sich zu setzen, können Sie sich einen Stuhl aussuchen und damit die Position wählen. Jedoch gebietet es die Höflichkeit, vorher zu fragen, ob es in Ordnung ist, hier Platz zu nehmen. Dasselbe gilt in angepasster Form für ein Gespräch im Stehen. Damit wirken Sie zudem eventuellen Verletzungen von Territorien entgegen. Dabei erscheint auch in diesem Kontext ein Nebeneinandersitzen oder -stehen unüblich, außer wenn Sie die Person kennen und die Beziehung das erlaubt oder kein anderer Platz frei ist. Siehe dazu bei Interesse ebenfalls die Ausführungen zum Territorialverhalten innerhalb der ergänzenden Aspekte (Kap. 6.5) der Körpersprache sowie zur Beziehungsebene bzw. zum Eisbergmodell (Kap. 8.3).

Falls Sie lieber übereck als gegenüber kommunizieren, können Sie das gut mit dem leichteren gemeinsamen Einsehen von Unterlagen, EDV-Dateien etc. begründen, durch die Sie Ihren Gesprächspartner führen wollen. Die hierfür notwendigen Materialien müssen Sie dann natürlich auch zur Hand haben.

Gestalten Sie die Interaktionsposition und damit die Körperorientierung möglichst so, wie es Ihnen, Ihrem Auftreten und Ihrem Kommunikationsziel am meisten dient. Beachten Sie hierbei zudem die jeweiligen kulturellen Gegebenheiten. Siehe dazu eventuell ebenso die Erläuterungen zur Kulturabhängigkeit im Rahmen der ergänzenden Aspekte (Kap. 6.5) der Körpersprache.

3. *Bewegungen im Raum*
   Was Bewegungen und Stellungen innerhalb eines Raumes bedeuten, ist, angelehnt an Michael Argyle (2013), an dessen individuelle Beschaffenheit bzw. Einrichtung gebunden. Dabei sind beispielsweise diese Aspekte relevant:
   - *Persönliche Territorien*
     Z. B.: hinter einem Schreibtisch, einer Theke oder einem Raumteiler
   - *Statuszuschreibung*
     Z. B.: hoher Status (das Rednerpult, die vorderen Plätze im Vortragssaal etc.) oder niedriger Status (am Rand oder ganz hinten stehend etc.)
   - *Rollenzuschreibungen*
     Z. B.: der Schreibtisch des Vorgesetzten, der Assistenz oder des Praktikanten
   - *Teile eines Gebäudes*
     Z. B.: die unteren und oberen Stockwerke, das Chefbüro oder die Sicherheitszonen
   - *Einengende oder hinderliche Bereiche und Gegenstände*
     Z. B.: zu schmale und zu breite Tische, die Stuhlanordnung oder Säulen im Raum

In diese Bereiche ein- oder auszutreten bzw. sie benutzen oder ablehnen zu dürfen sind soziale Handlungen, die von anderen gedeutet werden.

Praktische Ableitungen für Sie:

Wenn Sie in Ihren Räumen kommunizieren, können Sie ähnlich verfahren, wie bei der vorhergehenden Thematik der Körperorientierung beschrieben. Wählen und/oder gestalten Sie dafür die räumliche Umgebung so, dass diese Ihrem Auftreten und Ihrem Kommunikationsziel dient. Je nachdem, welche Möglichkeiten Sie haben, sind hier für Ihre Rede bzw. Ihre Präsentation oder Ihr Gespräch viele

Ansatzpunkte denkbar: beispielsweise die Auswahl des Konferenz- bzw. Besprechungsraums, die Bestuhlung, das Sprechen mit oder ohne Rednerpult sowie die Büroeinrichtung. Auf diese Weise lässt sich jeweils eine repräsentative, zweckdienliche, persönliche oder sachliche etc. Wirkung fördern.

Bei Kommunikationen in den Räumlichkeiten Ihres Interaktionspartners erscheint es gegebenenfalls ratsam, zu fragen, ob Sie bestimmte Räume oder Raumteile betreten und/oder nutzen dürfen. Das ist zum einen höflich und hilft zum anderen, das Verletzen von Territorien zu vermeiden. Siehe hierzu eventuell zudem die Darstellungen zur Beziehungsebene bzw. zum Eisbergmodell (Kap. 8.3) sowie zum Territorialverhalten im Rahmen der ergänzenden Aspekte (Kap. 6.5) der Körpersprache.

Umgekehrt können Sie auch, beispielsweise als Statushandlung, ungefragt Raumanteile für sich beanspruchen. Dabei ist allerdings fraglich, ob dieses Verhalten in dem von Ihnen gewünschten Sinne verstanden wird und welche Auswirkungen dies auf die weitere Beziehung hat. Siehe dazu bei Interesse ebenfalls die Ausführungen zum Statusverhalten innerhalb der ergänzenden Aspekte (Kap. 6.5) der Körpersprache.

Ihr Auftreten und Ihre Bewegungen im Raum sollten sich an Ihrem Kommunikationsziel ausrichten und dieses unterstützen.

6.3 Körperliche Kontaktaufnahme – fühlbare Signale

Nach Michael Argyle (2013) kann körperliche Kontaktaufnahme durch Händeschütteln, Umarmen, Führen, Ziehen, Schieben, Klopfen, Tätscheln, Streicheln, Kitzeln, Küssen, Lecken, Kratzen, Schlagen, Treten etc. stattfinden. Dabei hängt es stark von der Beziehung der Interaktionspartner sowie der jeweiligen Situation ab, ob eine bestimmte Form von körperlicher Kontaktaufnahme als passend oder unangemessen betrachtet wird. Zudem macht es einen großen Unterschied, ob ein Mensch einen anderen berührt oder ob er von einem anderen berührt wird.

Praktische Ableitungen für Sie:

Im beruflichen Kontext ist die körperliche Kontaktaufnahme nur äußerst eingeschränkt, z. B. bei der Handreichung zur Begrüßung und Verabschiedung oder dem

Aussprechen von Glückwünschen, üblich. Das gilt insbesondere für Ihnen unbekannte Personen. Bei engeren Beziehungen kann dies häufiger und in erweiterter Form stattfinden. Denkbar wäre hier beispielsweise, dass Sie einem Kollegen bei einem Misserfolg in Verbindung mit aufmunternden Worten einen Klaps auf die Schulter geben. Oder Sie umarmen jemanden, mit dem Sie eine berufliche Freundschaft pflegen, statt die Hand zu reichen.

Darüber hinaus können Sie eine Person auch berühren, um in einer hitzigen Diskussion eine leichte Irritation hervorzurufen und so selbst zu Wort zu kommen. Wenden Sie dieses Mittel aber nicht sehr häufig oder gar regelmäßig an, da dies schnell als unangenehm empfunden wird und sich negativ auf die Beziehung auswirken kann. Siehe dazu eventuell ebenso die Ausführungen zur Beziehungsebene bzw. zum Eisbergmodell (Kap. 8.3) sowie zum Distanzverhalten innerhalb der Erläuterungen zum räumlichen Verhalten (Kap. 6.2).

Bei der körperlichen Kontaktaufnahme gibt es große kulturelle Unterschiede, die mehr oder weniger bzw. andersartigen Körperkontakt vorsehen. Auf diese sollten Sie sich gegebenenfalls einstellen. Siehe hierzu bei Interesse zudem die Darstellungen zur Kulturabhängigkeit im Rahmen der ergänzenden Aspekte (Kap. 6.5) der Körpersprache.

6.4 Stimmlicher Ausdruck – hörbare Signale

Der stimmliche Ausdruck beinhaltet drei Teilaspekte – sehr stark angelehnt an Dieter-W. Allhoff und Waltraud Allhoff (2016, S. 21, 41):

1. Stimme – Stimmlage und -klang
2. Aussprache – Deutlichkeit und Dialekt
3. Betonung – Lautstärke, Sprechgeschwindigkeit und -melodie

Erläuterungen zu den Teilbereichen des stimmlichen Ausdrucks. Dabei ist das Entwickeln der eigenen Stimme und Sprechtechnik für viele Menschen ein schwer umsetzbares Vorhaben, da ihnen dahingehend die Erfahrung fehlt. Hier helfen Ihnen bei Bedarf professionell ausgebildete Fachleute, wie z. B. Sprecherzieher, Logopäden oder Stimmcoaches, weiter. Auch der Besuch eines Stimm- bzw. Sprechseminars kann für Sie ein guter Einstieg sein, sich mit der eigenen Stimme und deren Wirkungsmöglichkeiten zu beschäftigen. Diese Hinweise beziehen sich auf alle drei nachfolgend behandelten Teilaspekte:

1. *Stimme – Stimmlage und -klang*
   Betrachtet man den Stimmumfang einer Person und teilt diesen in drei Abschnitte ein, befindet sich, in Anlehnung an Dieter-W. Allhoff und Waltraud Allhoff (2016), im oberen Bereich des unteren Drittels der Tonraum, aus dem hauptsächlich gesprochen werden sollte. Das Sprechen aus dieser Stimmlage schafft eine gute Basis, um die Stimme nicht zu überanstrengen sowie nach oben und unten zu variieren.
   Das lässt die Stimme entspannter, aber nicht eintönig klingen, was als glaubwürdiger wahrgenommen wird.

   Zudem steht die Stimme in enger Beziehung mit der Atmung sowie der Haltung und dem Spannungszustand des Körpers.

   Praktische Ableitungen für Sie:

   Wenn Sie mit Bauchatmung, aufrechter und gelöster Haltung sowie ausgeglichener Körperspannung sprechen, machen Sie das mit hoher Wahrscheinlichkeit aus dem empfohlenen Tonraum heraus. Siehe hierzu gegebenenfalls weiterführend die Darstellungen zur Körperhaltung und -bewegung innerhalb der Erläuterungen zum körperlichen Ausdruck (Kap. 6.1) sowie zur Körperspannung und zur Atmung im Rahmen der ergänzenden Aspekte (Kap. 6.5) der Körpersprache.

   Das erscheint umso wichtiger, falls Sie beruflich viel sprechen müssen. Dies ist z. B. bei Verkäufern und Telefonagenten sowie auch in vielen anderen Berufen und häufig ebenso im Kontext von Führungstätigkeiten gegeben.

   Darüber hinaus wird der Klang Ihrer Stimme in der Regel unbewusst von anderen Menschen interpretiert. Dabei ist es für Sie von Vorteil, nicht als angespannt und schrill, sondern als entspannt und souverän wahrgenommen zu werden. Das steigert Ihre Glaubwürdigkeit, was wiederum sehr wichtig für Ihre Überzeugungskraft ist.

   So haben Ihre Stimme und deren Wirkung großen Einfluss auf den Erfolg Ihrer Reden, Präsentationen, Verhandlungen, Verkäufe, Mitarbeitergespräche etc.

2. *Aussprache – Deutlichkeit und Dialekt*
   Dieter-W. Allhoff und Waltraud Allhoff (2016) zufolge fördert eine saubere Aussprache die positive Wirkung eines Sprechers und seiner Ausführungen. Dabei beeinträchtigt Dialekt grundsätzlich betrachtet weder die Verständlichkeit noch die Glaubwürdigkeit. Ob und in welchem Maß dialektale Färbung positiv oder negativ wirkt, hängt vom Thema, der Situation und den Erwartungen der Kommunikationspartner ab.

   Praktische Ableitungen für Sie:

   Streben Sie an, in einer deutlichen bzw. gut verständlichen Art zu sprechen. Damit erleichtern Sie anderen Menschen die Kommunikation mit Ihnen, was sowohl Ihre Inhalte als auch Sie selbst besser wirken lässt.

   Die meisten Dialektsprecher passen sich ihrem Umfeld mehr oder weniger an, ohne dies zu merken. Lassen Sie, im Sinne eines bewussten Auftretens, gegebenenfalls Ihren Dialekt nur so stark einfließen, dass Sie noch von allen Interaktionspartnern mühelos verstanden werden.

   Zudem erscheinen folgende Aspekte beachtenswert:
   - Durch Dialektfärbung gewinnen Sie oftmals Sympathien und wirken auf viele Menschen bodenständig und ehrlich.
   - Falls Ihr Gegenüber anfängt, dialektal zu sprechen und weiß, dass Sie denselben Dialekt beherrschen, sollten Sie hier mitmachen. Ansonsten wird das schnell als hochnäsig und abgehoben interpretiert.
   - Bei offiziellen Anlässen tendiert die Erwartung meist unbewusst in Richtung Standardsprache. Wenn Sie das als Redner erfüllen und keinen bzw. weniger Dialekt zeigen, bekommen Sie häufig positive Zuschreibungen, wie z. B.: wird dem Anlass gerecht, ist gebildet und eloquent.

3. *Betonung – Lautstärke, Sprechgeschwindigkeit und -melodie*
   Nach Dieter-W. Allhoff und Waltraud Allhoff (2016) kann Betonung durch Variationen der Lautstärke, der Geschwindigkeit inklusive der Pausen und/oder der Melodie des Gesprochenen stattfinden. Hier trägt eine hohe Variationsfähigkeit entscheidend dazu bei, allgemein als guter Redner wahrgenommen zu werden.

Mangelnde Betonung lässt die Ausführungen eintöniger und unverständlicher wirken, was die Konzentration der Zuhörer erschwert. Zudem erscheint der Sprecher weniger glaubwürdig.

Praktische Ableitungen für Sie:

Falls Sie zu wenig oder nur mittels Lautstärke betonen, sollten Sie im Laufe der Zeit vermehrt alle genannten Betonungsarten in Ihr Sprechen einfließen lassen. Dadurch wirken Sie engagierter sowie Ihr Gesprochenes abwechslungsreicher und spannender. Somit hören Ihnen Ihre Gegenüber aufmerksamer und länger zu, was Ihnen die Möglichkeit gibt, sich erfolgreicher für Ihr Kommunikationsziel einzusetzen.

Insgesamt betrachtet erhöhen Sie so die Verständlichkeit und Überzeugungswirkung Ihrer Reden, Präsentationen und Gespräche.

6.5 Ergänzende Aspekte – was sonst noch wichtig ist

Im Folgenden sind elf ergänzende Aspekte dargestellt. Diese finden Sie hier behandelt, da sie jeweils in direkter oder indirekter Weise mit der Körpersprache bzw. nonverbalen Kommunikation im Zusammenhang stehen. Damit haben auch diese Faktoren Auswirkungen auf Ihren Auftritt und Ihre Interaktionen:

1. Körperspannung
2. Atmung
3. Kulturabhängigkeit
4. Rollenverhalten
5. Geschlechtsspezifische Verhaltensweisen
6. Statusverhalten
7. Nähe und Distanz
8. Bewegungstempo
9. Territorialverhalten
10. Kongruenz und Inkongruenz
11. Kleidung, Schmuck, Frisur und Statussymbole

Erläuterungen zu den ergänzenden Aspekten:

1. *Körperspannung*
   Walburga Brügge und Katharina Mohs (2019) zufolge wird der körperliche Spannungszustand auch Tonus genannt. Hier ist der Muskeltonus ein zentraler Aspekt. Darüber hinaus sind ebenfalls der Tonus des Gewebes und der Organe sowie der vegetative und der psychische Spannungszustand wesentlich.

   Nach Sabine S. Hammer (2012) können Eutonus (ausgeglichene Spannung), Hypertonus (Überspannung) und Hypotonus (Unterspannung) differenziert werden. Dabei betrifft eine muskuläre Über- oder Unterspannung meist einzelne Körperbereiche und nur selten den ganzen Körper.

   Praktische Ableitungen für Sie:

   Ihr körperlicher Spannungszustand wirkt sich auf Ihre Körpersprache aus. Dies wird insbesondere in Ihrer Körperhaltung und -bewegung, Gestik und Mimik sowie Ihrem stimmlichen Ausdruck deutlich. Hierbei haben Über- und Unterspannung in der Regel negative Effekte. Weiterführend erleichtert Ihnen ein ausgeglichener Tonus Ihr Auftreten und lässt Sie in den Augen anderer Menschen natürlicher erscheinen.

   Eine falsche Haltung führt in umgekehrter Weise ihrerseits häufig zu muskulärer Über- oder Unterspannung, wobei hier zudem oftmals eine unvorteilhafte Atmung mit einbezogen ist. Siehe dazu gegebenenfalls auch die Darstellungen zur Körperhaltung und -bewegung im Rahmen der Erläuterungen zum körperlichen Ausdruck (Kap. 6.1) sowie zur Atmung innerhalb dieser ergänzenden Aspekte (Kap. 6.5) der Körpersprache.
   Überdies können sich Ihre psychischen und körperlichen Spannungszustände gegenseitig beeinflussen.

   Aufgrund dieser Zusammenhänge haben Sie die Möglichkeit, an den angeführten Punkten anzusetzen, um auf Ihren Körpertonus einzuwirken.

   Darüber hinaus gibt es verschiedene Methoden zur Entspannung, die sich auf den Tonus auswirken. Beispiele hierfür sind Massagen, Entspannungsmusik,

Traumreisen, Autogenes Training, Progressive Muskelentspannung, Feldenkrais-Methode, Alexander-Technik und Qigong.
Bei Interesse finden Sie in Form von Internetbeiträgen, Büchern, Seminaren und Kursen etc. viele Angebote, Entspannungsmethoden kennenzulernen. Nehmen Sie sich etwas Zeit und probieren Sie aus, was zu Ihnen passt und bei Ihnen gut wirkt.

2. *Atmung*
Angelehnt an Hartwig Eckert (2011) wird durch die Luft des Ausatmens und verschiedener Vorgänge im Kehlkopf die Stimme hervorgebracht bzw. hörbar. Somit ist die Atmung sowohl für die Stimme als auch weiterführend für das Sprechen von immenser Bedeutung. Dabei lässt sich grob in die Bauchatmung sowie die Brustatmung unterscheiden. Beim Sprechen werden diese beiden Atemformen meist kombiniert.

Praktische Ableitungen für Sie:

Wenn Sie reden, geschieht im Kern Folgendes: In Ihrem Kehlkopf befinden sich Ihre Stimmlippen. Diese werden beim Sprechen durch Ihre Ausatemluft in Schwingung versetzt. Den so entstehenden Schall formen Sie dann im Bereich Ihres Mundes zu Lauten bzw. zu Sprache aus. Dafür gilt die Mischform einer Bauch-Brust-Flanken-Atmung als anstrebenswert, da sie energie- und kraftsparend ist. Das lässt Sie entspannt atmen und Ihre Stimme gut klingen.

Um es einfach auszudrücken: Atmen Sie beim Sprechen möglichst in den Bauch! Dabei bewegt sich Ihr Bauch beim Einatmen nach außen und beim Ausatmen nach innen. Zudem wird sich Ihre Brust ebenfalls heben und senken. Jedoch sollte Ihre Atmung nicht von Ihrer Brust, sondern von Ihrem Bauch ausgehen. Das können Sie nachvollziehen, indem Sie eine Hand auf Ihren Bauch und die andere auf Ihre Brust legen. Je nachdem, welche Hand sich zuerst und stärker bewegt, atmen Sie vornehmlich in den Bauch oder in die Brust.

Hier wirken sich eine gute Körperhaltung und eine ausgeglichene Körperspannung förderlich auf Ihre Atmung aus. Umgekehrt hat die Bauchatmung einen positiven Einfluss auf Ihre Haltung und Ihren Spannungszustand.

Nervosität und Angespanntheit bei Reden und Präsentationen sowie wichtigen und schwierigen Gesprächen können dazu führen, dass Sie nicht in den Bauch, sondern in die Brust atmen oder/und zeitweise unbewusst die Luft anhalten.

Dabei ist eine konstante Bauchatmung gerade in diesen Situationen für Sie ein gutes Mittel, um ruhiger zu werden und souveräner zu wirken.

Zudem steht das Einziehen des Bauchs aufgrund von ästhetischen Idealvorstellungen oftmals der Bauchatmung entgegen, da bei dieser die Bauchwölbung nach außen deutlicher zu sehen ist. Sollten Sie ebenfalls dazu tendieren, Ihren Bauch aus optischen Gründen einzuziehen, ist es für Sie gewinnbringend, sich das im Laufe der Zeit abzugewöhnen. Somit ermöglichen Sie Ihrem Körper, ruhig in den Bauch zu atmen. Dadurch profitieren Sie von allen vorhergehend angeführten Vorteilen inklusive der guten Außenwirkung.

Wenn Sie Ihre Atmung fördern möchten, sind neben Atemübungen auch Entspannungsmethoden und eine Verbesserung der Haltung gute Ansätze. Siehe zu den beiden Letzteren gegebenenfalls die Ausführungen zur Körperspannung innerhalb dieser ergänzenden Aspekte (Kap. 6.5) der Körpersprache sowie zur Körperhaltung und -bewegung im Rahmen der Darstellungen zum körperlichen Ausdruck (Kap. 6.1).

Atem-, Entspannungs- und Haltungsübungen sowie weiterführende Informationen finden Sie in diesbezüglichen Internetbeiträgen, Büchern und Seminaren etc. Zudem sei aufgrund der Bedeutung der Atmung für Ihr Sprechen und Ihren Auftritt auf professionell ausgebildete Fachleute, wie z. B. Sprecherzieher, Logopäden und Stimmcoaches, verwiesen. Diese helfen Ihnen bei Bedarf, Ihre Atmung wahrzunehmen und zu verbessern.

3. *Kulturabhängigkeit*

   Nach Alexander Thomas (2005) fungiert Kultur als eine Art Orientierungssystem. Dieses ist jeweils für eine Nation, Gesellschaft, Organisation oder Gruppe bezeichnend. Mit Blick auf die Kommunikation sind hier für eine Kultur deren Symbole, wie beispielsweise Sprache, Gestik, Mimik, Kleidung und Begrüßungsrituale, charakteristisch.

   Praktische Ableitungen für Sie:

   Hinsichtlich der Körpersprache bzw. nonverbalen Kommunikation hat jede Kultur und Subkultur ihre individuellen Besonderheiten. Deshalb gilt es auch, alle dahingehend in diesem Buch angeführten Inhalte gegebenenfalls diesbezüglich anzupassen, um angemessen agieren und reagieren zu können.

Wenn Sie sich z. B. auf einen Auslandseinsatz, eine interkulturelle Zusammenarbeit oder Verhandlungen mit Personen aus einem anderen Kulturkreis vorbereiten wollen, haben Sie die Möglichkeit, das anhand von Internetbeiträgen, Büchern oder Seminaren zu machen. Sehr empfehlenswert ist, dass Sie sich von jemandem beraten lassen, der sowohl Ihre Kultur kennt als auch in dem für Sie relevanten Land in der betreffenden Region tätig war oder daher stammt. Diese Person sollte die Gepflogenheiten des alltäglichen Lebens, der Zusammenarbeit, des Verhandelns etc. aus eigener Erfahrung darstellen können.

Neben derartig intensiven Vorbereitungen helfen Ihnen Eigenschaften wie Offenheit, Aufmerksamkeit, Empathie, Reflexionsfähigkeit und Toleranz enorm dabei, sich bezüglich der nonverbalen Kommunikation und darüber hinaus auf andere Kulturen einzustellen.

Siehe hierzu bei Interesse weiterführend die Erläuterungen zu den interkulturellen Aspekten (Kap. 9.6).

4. *Rollenverhalten*
   Angelehnt an Horst Rückle (2000) nimmt jeder Mensch unterschiedliche Rollen in der Gesellschaft ein. Hierbei passt er auch sein nonverbales Verhalten den Erwartungen an, die von außen an die jeweilige Rolle gestellt werden. Das aus Sicht der anderen ordnungsgemäße Erfüllen oder Nichterfüllen einer Rolle führt zu dementsprechenden Rückmeldungen und/oder Konsequenzen.

   Praktische Ableitungen für Sie:

   Sie haben im Berufsleben in der Regel unterschiedliche Rollen inne und treffen zudem auf andere Rollenträger: Beispielrollen sind Führungskraft, Mitarbeiter, Assistent, Experte, Berater, Kunde und Lieferant, um nur einige zu nennen.

   Wenn Sie eine Rolle annehmen, erscheint es für Sie im Allgemeinen sinnvoll, diese erwartungsgemäß zu erfüllen. Das kann durchaus eine authentische eigene Note beinhalten. Damit vermitteln Sie Sicherheit und Verlässlichkeit, was zu einem funktionierenden Miteinander beiträgt sowie gemeinsam Ziele erreichen lässt.

   Hier bietet Ihnen die bewusste Auseinandersetzung mit Ihrer Rolle und den damit verbundenen Erwartungen Orientierung für Ihr Auftreten und Ihr Kommunikationsverhalten. Das schließt die in diesem Buch behandelten Teil- und ergänzenden Aspekte der Körpersprache (Kap. 6) mit ein. Dabei bringt Ihnen das erfolgreiche Erfüllen einer Rolle meist verschiedene Vorteile: Beispiele sind Anerkennung, bessere Entlohnung, positive Reputation oder auch Angebote, noch anspruchsvollere berufliche Rollen zu übernehmen.

Siehe als Ergänzung zu diesen Ausführungen eventuell ebenfalls die Darstellungen zum Thema Individuum und Gruppe (Kap. 8.13).

5. *Geschlechtsspezifische Verhaltensweisen*
Mit Bezug auf Christa M. Heilmann (2011) werden unterschiedliche Verhaltensweisen der nonverbalen Kommunikation häufig als typisch männlich oder weiblich betrachtet. Diese Zuschreibungen sind stark von gesellschaftlichen Verhaltensnormen geprägt, die im Rahmen der Sozialisation weitervermittelt werden: So sollen sich Mädchen eher weicher geben, z. B. nicht breitbeinig sitzen, weniger Raum beanspruchen und sich beziehungsorientiert verhalten. Jungen hingegen sollten mehr härteres Benehmen zeigen, z. B. nicht weinen, sich ihren Platz nehmen und sich auf Inhalte fokussieren.
Kommunikation bezieht jedoch immer sowohl eine Inhalts- als auch eine Beziehungsebene mit ein, die beide nonverbal berücksichtigt werden können.

Siehe hierzu bei Interesse weiterführend die Erläuterungen zu den Themen Sozialisation und Entwicklung (Kap. 2) sowie zum Eisbergmodell (Kap. 8.3).

Praktische Ableitungen für Sie:

Unabhängig von Ihrem Geschlecht ist es für Sie häufig situativ zielführender, sich weicher oder härter zu verhalten.

Die folgenden Beispiele zeigen, dass es teilweise sinnvoller ist, sich körpersprachlich in gegenteiliger, als der dem Geschlecht zugeschriebenen Weise zu benehmen:
- Frauen haben die Möglichkeit, z. B. in Auseinandersetzungen und Verhandlungen, nonverbal führender und fordernder aufzutreten, um sich klar zu positionieren und letztendlich durchzusetzen.
- Männer können, z. B. bei Akquise- und Mitarbeitergesprächen körpersprachlich ein herzlicheres und sympathischeres Benehmen zeigen, um ihr Gegenüber für sich zu gewinnen und so ihr Ziel zu erreichen.

Natürlich entscheiden Sie selbst, wie geschlechtstypisch Sie sich geben möchten und was Sie genau darunter verstehen. Allerdings eröffnet Ihnen eine größere Verhaltensbandbreite mehr Möglichkeiten, sich auf die jeweilige Situation und Ihren Interaktionspartner individuell einzustellen. Zudem haben Sie dadurch auch mehr Ansätze, Ihr Verhalten während der Kommunikation zu ändern und anzupassen, falls Ihre ursprüngliche Herangehensweise nicht zum Erfolg führt.

Somit erscheint es geschlechtsunabhängig für jeden Menschen vorteilhaft, ohne sich selbst zu verleugnen, beziehungs- oder inhaltsorientierter bzw. weicher oder härter auftreten und kommunizieren zu können.

6. *Statusverhalten*
   Nach Keith Johnstone (2018, 2014) verhalten sich Menschen bei ihren Interaktionen aus einer von zwei Statusebenen heraus:
   - *Hochstatus*
     Von oben herab, sicherer, beharrend bis dominant
   - *Tiefstatus*
     Von unten nach oben, unsicherer, nachgebend bis unterwürfig

   Dabei sind folgende Aspekte von grundlegender Bedeutung:
   - Der Status bezeichnet hier, was ein Mensch tut, nicht, was er ist. Somit können sich der kommunikative und der soziale Status unterscheiden: Beispielsweise kann ein Mitarbeiter gegenüber seinem Vorgesetzten aus dem Hochstatus heraus auftreten, während sich der Vorgesetzte aus dem Tiefstatus verhält.
   - Im Laufe der Interaktion können die Statusebenen der beteiligten Personen (mehrfach) wechseln.
   - Viele Statushandlungen erfolgen nonverbal, z. B. über den Blick, die Körperhaltung, die Gestik, die Lautstärke sowie das Raum- und Territorialverhalten.
   - Die meisten Menschen sind Statusspezialisten, da sie zwar beides zeigen können, aber eher zum Hoch- oder zum Tiefstatusverhalten neigen.
   - Manche Personen sind Statusexperten. Damit ist gemeint, dass sie ihren Status gekonnt heben oder senken und zwischen Hoch- und Tiefstatus wechseln. Dabei erfolgen die jeweiligen Statushandlungen in der Regel nur insoweit ausgeprägt, wie dies notwendig ist, um den Status situativ vorteilhaft anzupassen.

   Im Zusammenhang mit der Statusthematik wird oftmals zwischen Hoch- und Tiefstatus noch eine dritte Ebene angeführt und als Gleichstatus benannt: Das bezeichnet ein Verhalten, das auf (möglichst) gleicher (mittiger) Statusebene in objektivierender und kooperativer Weise erfolgt.

Praktische Ableitungen für Sie:

Neben Ihrem unbewusst gezeigten Statusverhalten können Sie auch bewusst aus dem Hoch-, (Gleich-) oder Tiefstatus agieren und reagieren.

Dadurch haben Sie beispielsweise die Möglichkeit, Einfluss auf Ihren Interaktionspartner zu nehmen:

- Wenn Sie in den Hochstatus gehen, steigt die Wahrscheinlichkeit, dass sich Ihr Gegenüber aus dem Tiefstatus verhält. Allerdings könnte auch ein kommunikatives Gerangel um den Hochstatus entstehen.
- Sollten Sie sich dagegen aus dem Tiefstatus benehmen, geht Ihr Kommunikationspartner wahrscheinlich in den Hochstatus.

Beachten Sie jedoch, dass Ihr Gegenüber ebenso in der Art bewusst handeln kann.

Genauer betrachtet ist, um bei diesen beiden Ebenen zu bleiben, Hochstatus nicht immer gut und Tiefstatus nicht immer schlecht.
Hierzu einige Beispiele:

- Tiefstatus wirkt auf viele Menschen nett, angenehm, harmlos etc. Falls Sie eine derartige Wirkung hervorrufen möchten und/oder das Ihrem Kommunikationsziel dient, macht es Sinn, sich so zu verhalten.
- Beim Behandeln von Beschwerden- und Reklamationen kann es für Sie hilfreich sein, eine professionelle Haltung mit überwiegendem Tiefstatus zu zeigen, um zu deeskalieren.
- Solange ein Dialog in die von Ihnen gewünschte Richtung läuft, spricht meist nichts dagegen, Ihrem Kommunikationspartner den Hochstatus zu überlassen. Somit hat er scheinbar die Gesprächsführung inne, während Sie aus dem Tiefstatus handeln.
- Wenn Sie sich als Führungskraft in einer Besprechung zurücknehmen bzw. aus dem Tiefstatus verhalten, erhöht das oftmals die Wahrscheinlichkeit, dass sich Ihre Mitarbeiter mehr öffnen und ihre eigene Meinung eher kundtun.

Wie bereits beim Thema des Rollenverhaltens innerhalb dieser ergänzenden Aspekte (Kap. 6.5) der Körpersprache dargestellt, sind berufliche Rollen mit

Erwartungen verbunden. Das kann für Sie ebenfalls ein Grund sein, sich aus einer bestimmten Statusebene zu benehmen. Dabei haben Sie die Wahl, die Erwartungen zu erfüllen oder sich auch bewusst nur zeitweise bzw. gar nicht in dieser Richtung zu verhalten. In dem Zusammenhang erscheint es für Sie sinnvoll, zu überdenken, was im Hinblick auf die Erwartungen von außen sowie auf Ihre Rollenvorstellungen, Ihre Persönlichkeit und Ihre Zielsetzung etc. die geeignetste Herangehensweise ist.

Nun noch zwei Anmerkungen: Zum einen kann ein übertrieben betontes Verhalten aus einer Statusebene schnell unnatürlich, unangenehm und/oder ungewollt komisch wirken. Zum anderen erinnert diese Darstellung der Ebenen teilweise an die inneren Anteile (Kap. 5.1) bzw. die Ich-Zustände der Transaktionsanalyse. Deshalb sei bei Interesse ergänzend auf die diesbezüglichen Ausführungen sowie darüber hinaus auf die Erläuterungen zu den Transaktionen (Kap. 5.3) verwiesen.

7. *Nähe und Distanz*
   Die Aspekte der Nähe und der Distanz stehen in direkter Verbindung mit dem Distanzverhalten innerhalb der Thematik des räumlichen Verhaltens (Kap. 6.2). Neben dem Umgang mit den dort behandelten Zonen bzw. Abständen kann nach Christa M. Heilmann (2011) auch durch weitere körpersprachliche Signale Nähe oder Distanz zum Gegenüber vermittelt werden:
   - *Nonverbales Herstellen von Nähe*
     Z. B.: enger zusammenrücken, Oberkörper vorbeugen, Hand entgegenstrecken, freundlich Lächeln, Kopf neigen, Blickkontakt halten, angemessene Sprechlautstärke
   - *Nonverbales Erweitern der Distanz*
     Z. B.: Schritt zurückgehen, sich wegdrehen, Augenbrauen hochziehen, Nasenflügel aufblähen, Blickkontakt vermeiden, sehr leises Sprechen

   Praktische Ableitungen für Sie:

Manche Ihrer Kommunikationspartner wünschen sich bei der Interaktion mit Ihnen mehr, andere weniger emotionale Nähe, um sich wohlzufühlen. Zudem verlangen bestimmte Themen eine geringere oder eine größere empfundene Distanz zwischen Ihnen und Ihrem Gegenüber. Des Weiteren kann es ebenfalls sein, dass Sie selbst Nähe herstellen oder die Distanz erweitern möchten. Hierfür wären viele Gründe denkbar, z. B.: Vielleicht haben Sie diesbezüglich eigene

Vorlieben, die Ihnen wichtig sind oder Sie vermuten, so Ihr Kommunikationsziel besser zu erreichen. Überdies könnten Sie dadurch auch Ihre Einstellung zu Ihrem Interaktionspartner, dessen Ausführungen oder/und dem Thema an sich verdeutlichen wollen. Siehe dazu bei Interesse ergänzend die Erläuterungen zum Riemann-Thomann-Modell (Kap. 8.12).

Hier bieten Ihnen nonverbale Signale, wie die zuvor beispielhaft dargestellten, Möglichkeiten zum Gestalten von Nähe und Distanz. Damit wirken sich diese Signale auf die Beziehung zu Ihrem Gegenüber aus. Siehe dazu eventuell die Darstellungen zur Beziehungsebene bzw. zum Eisbergmodell (Kap. 8.3) sowie zum 2. Axiom der Kommunikationsaxiome (Kap. 8.9).

Natürlich können Sie nicht ständig jede (kleine) körperliche Bewegung kontrollieren. Dennoch sollten Sie bedenken, dass Signale, wie die hier behandelten, wahrgenommen und interpretiert werden. Deshalb erscheint besonders in für Sie bedeutsamen Interaktionssituationen ein dahingehend bewussteres Verhalten sinnvoll.

8. *Bewegungstempo*

   Christa M. Heilmann (2011) zufolge werden schnellere Bewegungen im Vergleich zu langsameren in der Regel als distanzverringernder wahrgenommen. Dabei wirkt ein hohes Bewegungstempo, besonders wenn es gehäuft auftritt, oftmals irritierend und ablenkend.

   Praktische Ableitungen für Sie:

   Die meisten Menschen möchten, wenn Sie im Beruf mit oder zu anderen Personen sprechen und mit diesen interagieren, einen überzeugenden und sicheren Eindruck machen.

   Hier unterstützen Sie Ihren souveränen Auftritt durch langsamere Bewegungen, wobei diese auch für Ihre Kommunikationspartner besser nachvollziehbar sind. Dagegen lässt Sie ein hohes Bewegungstempo oftmals überengagiert, fahrig oder gar bedrohlich erscheinen.

   Damit ist nicht gemeint, dass Sie sich unnatürlich langsam bewegen sollen, um betont cool und lässig zu wirken. Sofern Sie nicht dazu neigen, sich generell zu schnell zu bewegen, dürfte es ausreichen, wenn Sie darauf achten, Ihre gewohnte Geschwindigkeit ebenso in schwierigen Situationen beizubehalten. Beispiele sind hier Interaktionen, die mit innerer Anspannung, hohem Zeitdruck oder/und vielen Emotionen verbunden sind. Das hilft Ihnen, auch in derartigen Kontexten souverän und überzeugend aufzutreten.

9. *Territorialverhalten*
Nach Irenäus Eibl-Eibesfeldt (2004) sind Menschen territorial veranlagt und grenzen sich gegeneinander ab. Neben Gebietsansprüchen kann das auch auf Nutzungsrechte bezogen sein. Dabei lassen sich folgende Ebenen unterscheiden:
   - Gruppe vs. Gruppen
   - Individuum vs. Gruppe
   - Individuum vs. Individuum

   Praktische Ableitungen für Sie:

   Im Berufsleben zeigt sich die Abgrenzung einer Gruppe gegen andere Gruppen z. B. anhand der Abteilungsbezeichnung und dem eigenen Arbeitsbereich. Innerhalb der Gruppe distanzieren sich einzelne Personen z. B. durch ihren ranganzeigenden Arbeitsplatz und besondere Kompetenzen. Individuen grenzen sich voneinander z. B. mittels dem eigenen Schreibtisch oder Büro, spezifischen EDV-Zugangsrechten, unterschiedlichen Kompetenzen und gegebenenfalls ihrem besonders guten Verhältnis zu wichtigen Führungspersonen ab.

   Diese beispielhaft angeführten räumlichen und anderweitigen Gegebenheiten sind mit Identifikation, Besitz- bzw. Nutzungsansprüchen sowie Abtrennung verbunden. Dabei lassen sie das menschliche Territorialverhalten erkennen.

   Auch wenn es eine natürliche Sache ist, sich durch sein Territorium ein Stück weit abzugrenzen, sollten Sie im Sinne eines bewussten Auftretens gelegentlich Ihre diesbezügliche Wirkung auf andere reflektieren: So dürfte es in einem für Ihr Umfeld üblichen Maß positiv erscheinen, mittels Ihres territorialen Verhaltens Ihre Gruppenzugehörigkeit sowie Ihre Eigenständigkeit und Ihren Status etc. zu zeigen. Falls Sie jedoch zu sehr auf Ihren Besitzansprüchen und Ihrer Abgrenzung beharren, kann dies als eigenbrötlerisch, verbohrt und der gemeinsamen Zielerreichung entgegenstehend wahrgenommen werden.

Vor diesem Hintergrund erscheint es für Sie ratsam, sich unter Berücksichtigung Ihrer Rolle und Funktion dem gegebenen Grad der Team- und Zusammenarbeit anzupassen. Das beinhaltet auch den damit verbundenen Austausch bzw. den gemeinsamen Gebrauch von Räumen, Nutzungsrechten und Informationen. Hierbei gilt es für Sie natürlich, bestehende Datenschutzrichtlinien, Geheimhaltungspflichten, Sicherheitsvorschriften etc. zu beachten.

Siehe bei Interesse weiterführend die Darstellungen zum Distanzverhalten innerhalb der Thematik des räumlichen Verhaltens (Kap. 6.2).

10. *Kongruenz und Inkongruenz*

Kongruenz bedeutet Übereinstimmung und Inkongruenz bezeichnet dementsprechend mangelnde Übereinstimmung. Dies ist hier auf die nonverbale Kommunikation bezogen.

Im Hinblick auf inkongruentes Verhalten können angelehnt an Vera F. Birkenbihl (2016) die zwei Ebenen der Sache und der Person unterschieden werden:

- *Sache (inkongruentes Verhalten)*
  Die nonverbalen Signale stimmen nicht mit dem Gesprochenen überein.
- *Person (inkongruentes Verhalten)*
  Ein Mensch ahmt, situativ oder allgemein, nonverbale Verhaltensweisen nach, die nicht seinem eigenen natürlichen Benehmen entsprechen.

Praktische Ableitungen für Sie:

Grundsätzlich betrachtet sollten Sie kongruentes Verhalten zeigen, da dieses von Ihren Kommunikationspartnern unmittelbarer und unmissverständlicher interpretiert werden kann.

Demgegenüber führt Inkongruenz in Bezug auf die Sache dazu, dass Sie Ihre Inhalte nicht mehr direkt körpersprachlich unterstützen. Vielmehr entstehen hier Widersprüche und Doppeldeutigkeiten, die Sie beispielsweise irritierend oder ironisch wirken lassen. Siehe hierzu als Weiterführung eventuell auch die Erläuterungen zu den verdeckten Transaktionen innerhalb der Thematik der Transaktionen (Kap. 5.3).

Inkongruenz im Hinblick auf die Person erscheint häufig aufgesetzt und unnatürlich, wodurch Ihre Glaubwürdigkeit und Ihre Überzeugungswirkung abnehmen. Deshalb ist von einem bloßen (künstlichen) Nachahmen des Verhaltens anderer Menschen abzuraten. Benehmen Sie sich also natürlich, auf Ihre eigene Art und Weise.
Wenn Sie sich dennoch von Ihnen für gut befundenes fremdes Verhalten zu eigen machen möchten, trainieren Sie sich dieses sicher an, bis es ein Teil von Ihnen geworden ist.

Im Kern geht es für Sie darum, authentisch zu bleiben sowie dabei die situativen Verhaltensnormen und -erwartungen zu beachten. Das ist zum einen eine Gratwanderung und zum anderen eine Chance, sich selbst und seine Umwelt immer wieder neu zu reflektieren und abzugleichen, um so bewusster aufzutreten.

11. *Kleidung, Schmuck, Frisur und Statussymbole*
Angelehnt an Samy Molcho (2001) gehört Kleidung zur nonverbalen Kommunikation, da das Gegenüber sie interpretiert und wertet. Hierbei fällt es auf eine Person selbst zurück, wenn ihre Bekleidung in den Augen anderer als situativ angemessen oder unangemessen eingestuft wird. Deshalb erscheint es in der Regel sinnvoll, sich dahingehend an die bestehenden Erwartungen der Interaktionspartner anzupassen.

Praktische Ableitungen für Sie:

Neben Ihrer Kleidung können Sie diese grundlegenden Ausführungen auch auf Schmuck, Frisur und Statussymbole sowie noch weiterführender auf Make-up, Fingernägel-Design, Parfüm, Tätowierungen und Piercings etc. übertragen.

All dies wird von anderen Menschen gedeutet sowie mit Ihrer Person und Rolle in Verbindung gebracht. Deshalb ist es für Sie ratsam, sich Gedanken zu machen bzw. zu erfragen, welche Normen und Erwartungen diesbezüglich bestehen. Sollten Sie sich dementsprechend angleichen, wobei hier eventuell persönliche Markenzeichen möglich sind, wirkt sich das in der Regel positiv für Sie aus: Beispielsweise zeigen Sie damit Zugehörigkeit, sind besser einzuordnen, vermitteln ein gewünschtes Bild gegenüber Kunden, Lieferanten, Mitarbeitern etc. und werden leichter mit bestimmten Rollen und Funktionen verbunden. Siehe hierzu gegebenenfalls die Darstellungen zum Rollenverhalten im Rahmen dieser ergänzenden Aspekte (Kap. 6.5) der Körpersprache.

Wenn sich Personen stark über Kleidung, Schmuck, Frisur und Statussymbole usw. ausdrücken und ihnen ihr individueller Stil sehr am Herzen liegt, kann es hier zu Spannungen kommen. Diese sind meist umso größer, je weiter die Erwartungen von außen und die eigenen Vorstellungen auseinanderliegen. Letztendlich bestimmt jeder Mensch selbst, wie er sich dahingehend verhalten möchte, wobei er auch mit den jeweiligen Auswirkungen umgehen muss.

Hinsichtlich eines gelungenen und erfolgreichen Auftritts ist es für Sie meist gewinnbringend, sich an die vorhandenen Erwartungen situativ anzupassen.

Psychologie und Körpersprache im Job

7 Einführendes zum Teilbereich Psychologie und Körpersprache im Job

Ihr überzeugendes Auftreten im Beruf ist unmittelbar mit dem Thema der Kommunikation verbunden. Wenn Sie hierbei zu oder mit anderen Menschen sprechen, spielen die Thematiken Psychologie und Körpersprache stets eine gewichtige Rolle.

Überdies lassen sich innerhalb von beruflichen Bereichen, wie z. B. dem Verkaufen, dem Verhandeln und dem Führen, jeweils spezifische Besonderheiten hinsichtlich psychologischer und körpersprachlicher Aspekte erkennen. Auch hier hängt Ihr Auftreten stark mit Ihrer Persönlichkeit zusammen. Dabei beeinflusst Ihr Kommunikationsverhalten maßgeblich, wie überzeugend Sie auf andere wirken.

Im Anschluss an die Darstellungen zur Kommunikation und den beruflichen Bereichen finden Sie nochmals gesondert das Thema der persönlichen Weiterentwicklung behandelt. Hier liegt der Fokus ebenfalls darauf, überzeugend aufzutreten und zu kommunizieren. Das bietet Ihnen Orientierung zu möglichen Herangehensweisen. Davon ausgehend können Sie dann entscheiden, was für Sie selbst gegebenenfalls passend, machbar und nützlich ist.

8 Kommunikation – Verbindung und Austausch

Alle in diesem Buch angeführten Inhaltsbereiche haben mehr oder weniger direkt etwas mit Kommunikation zu tun. Das ergibt sich grundlegend bereits aus dem Buchtitel »Psychologie und Körpersprache im Job – Überzeugend auftreten und kommunizieren«. Darüber hinaus wird dieser Titel mit Blick auf die beiden Hauptaspekte der Reflexion und des Verhaltens behandelt, wie unter anderem schon bei den Hinweisen zum Aufbau des Buchs dargestellt. Das beinhaltet Kommunikation in mehrfacher Hinsicht:

So kommunizieren Sie mit sich selbst, wenn Sie sich mit Ihrer Persönlichkeit und Ihrer Wirkung auf andere Menschen auseinandersetzen. Hier melden sich im übertragenen Sinn häufig innere Anteile zu Wort, die verschiedene Ansichten einbringen, diskutieren, bewerten etc., woraus sich eventuell eine Motivation zur Weiterentwicklung ergibt.

Zudem können Sie auch zusammen mit anderen Personen aus Ihrem Umfeld und/ oder mit professioneller Unterstützung über sich und Ihre Wirkung auf Ihre Mitmenschen reflektieren. Dabei kommunizieren Sie mit Ihren Gesprächspartnern und holen sich Impulse, Einschätzungen, Ratschläge usw. von außen.

Des Weiteren ist die zwischenmenschliche Kommunikation für Sie von zentraler Bedeutung, um sich anderen Personen gegenüber selbstsicher zu zeigen und Ihre Ziele zu realisieren. Hier geht es für Sie darum, sich bei Ihren beruflichen Monologen und Dialogen gekonnt, glaubwürdig und überzeugend zu verhalten. Das lässt Sie beispielsweise erfolgreicher präsentieren, verhandeln, verkaufen und führen.

Nachstehend finden Sie aus der Fülle der Modelle, Theorien und Themen zur Kommunikation vierzehn Ansätze behandelt. Diese erscheinen im Hinblick auf die Ausrichtung des Buchs als zielführend und bieten zudem pragmatische Ableitungsmöglichkeiten für Ihr Auftreten und Ihr Kommunizieren. Im Einzelnen wird auf das Insel-, das Teufelskreis- und das Eisbergmodell, das Kommunikationsquadrat, das Sprechdenken, das Lampenfieber, das Begriffsverständnis, den Kommunikationsprozess, die Kommunikationsaxiome, den Monolog und den Dialog, den Kommunikationspartner, das Riemann-Thomann-Modell, das Thema Individuum und Gruppe sowie die Redepyramide eingegangen.

8.1 Inselmodell – jeder ist anders

Der Ansatz verdeutlicht Ihnen die Individualität jedes Menschen und ermöglicht Ihnen dadurch, diesbezüglich bewusster aufzutreten und zu kommunizieren:

Nach Vera F. Birkenbihl (2001) lebt jeder Mensch im übertragenen Sinn auf (bzw. in) seiner eigenen ihn umgebenden Insel. Diese kann zwar nicht verlassen, jedoch erweitert werden. Dabei ist die Insel ein Symbol für die Individualität einer Person. Die Einzigartigkeit ergibt sich im Wesentlichen aus den unterschiedlichen körperlichen Gegebenheiten, der jeweils eigenen Lebensgeschichte und den damit einhergehenden Erfahrungen sowie den individuellen inneren bzw. psychischen Vorgängen. Das alles wirkt sich darauf aus, wie das Individuum Dinge wahrnimmt, sich selbst einschätzt und sich verhält. Somit beeinflusst dies bewusst oder unbewusst sämtliche Bereiche des Lebens einer Person. Demnach trägt die in der Vergangenheit eines Menschen entstandene Insel auch dazu bei, wie er zeitliche Aspekte einordnet: Das schließt beispielsweise die Sicht auf die Vergangenheit, das Verhalten in der Gegenwart und die Einschätzung der Zukunft mit ein.

Wenn sich die Inseln von Personen überschneiden, falls also Ähnlichkeiten und/oder Übereinstimmungen vorhanden sind, wirkt sich das kommunikationsförderlich aus. Überlappen sich die Inseln nicht, erschwert dies die Kommunikation als Folge fehlender Gemeinsamkeiten.

Praktische Ableitungen für Sie:

Sie selbst und alle Menschen, mit denen Sie interagieren, weisen, neben unterschiedlichen angeborenen sowie körperlichen und psychischen Faktoren, eigene Erziehungs-, Bindungs-, Lern- sowie Lebenserfahrungen auf und sind dadurch individuell beeinflusst. Daraus entwickeln sich jeweils unterschiedliche Vorurteile, Meinungen, Standpunkte, Ängste, Hoffnungen, Wünsche und Erwartungen etc., die sich zu einem je eigenen Weltbild zusammenfügen.

Infolgedessen ist es für Sie völlig normal, auf Personen zu treffen, die bei manchen oder mehreren Aspekten anderer Ansicht sind, als Sie. Dazu kommt noch, dass viele Ihrer Kommunikationspartner aufgrund ihrer beruflichen Tätigkeit Zielsetzungen verfolgen, die Ihren eigenen nicht entsprechen oder diesen entgegenstehen. Somit kommt es zu Überzeugungsversuchen, Verhandlungen, Auseinandersetzungen usw.

Falls sich Ihre Insel nicht mit der Ihres Gegenübers überlappt bzw. wenn keine Gemeinsamkeiten vorhanden sind, führt dies häufig zu Unverständnis. Hier wird oftmals gesprochen, ohne aufeinander einzugehen und aneinander anzuschließen, was leicht zu Missverständnissen, Streit und Konflikten führt.

Um in derart herausfordernden Kommunikationssituationen das Verstehen zu fördern, sind für Sie z. B. eine tolerante und wertschätzende Haltung, der Einsatz von klärenden Fragen und Erläuterungen sowie der Wille zum Perspektivenwechsel und zum Verstehen hilfreich. Auf dieser Basis können Sie sich mit Ihrem Gegenüber gegebenenfalls auch darauf verständigen, sich in dem besprochenen Punkt uneinig zu sein, um sodann gemeinsam einen Kompromiss zu suchen oder über andere Inhalte zu reden.

Das ernsthafte Bemühen, sich in die Inseln Ihrer Kommunikationspartner hineinzudenken, wirkt sich erfolgssteigernd auf Ihre Reden und Präsentationen sowie Ihre Verhandlungs-, Verkaufs- und Führungsgespräche etc. aus: So bietet Ihnen dies Möglichkeiten zur zielgerichteteren Vorbereitung sowie passenderen Aktionen und Reaktionen. Beispielsweise lassen sich dadurch geeignetere Fragen, Argumente sowie Einwandbehandlungen finden und anbringen, was Ihre Überzeugungswirkung steigert.

Sie können Ihre eigene Insel sowie auch die Inseln weiterer Personen für sich allein, im Gespräch mit anderen und/oder mit professioneller Begleitung überdenken. Daran kann dann Ihre Weiterentwicklung bezüglich Ihrer selbst bzw. Ihrem Umgang mit anderen Menschen anschließen.

Generell betrachtet können Sie vor dem Hintergrund des Inselmodells sämtliche Inhalte dieses Buchs auf sich selbst beziehen und reflektieren. Als Ergänzung zu diesem Modell sei bei Interesse insbesondere auf die Thematiken Sozialisation und Entwicklung (Kap. 2), Selbstvertrauen (Kap. 4.1), innere Antreiber (Kap. 5.4), innere Grundeinstellungen (Kap. 5.6) sowie auf das Riemann-Thomann-Modell (Kap. 8.12) verwiesen.

Sollten Sie sich weiterführend mit dem Aspekt der jeweils eigenen Sicht jedes Menschen auf die Welt bzw. die Realität befassen wollen, erscheint es für Sie gewinnbringend, sich mit dem Ansatz des (radikalen) Konstruktivismus zu beschäftigen. Dazu finden Sie beispielsweise in Form von Internetbeiträgen und Büchern zahlreiche Angebote vor.

8.2 Teufelskreismodell – Inneres und Äußeres

Im Folgenden ist das sogenannte Teufelskreismodell behandelt, welches 1988 von Christoph Thomann und Friedemann Schulz von Thun beschrieben wurde. Es zeigt Ihnen auf, wie sich Interaktionen in einer Art Abwärtsspirale negativ entwickeln können und bietet Ihnen Ansätze, dem entgegenzuwirken. Auf dieser Grundlage ergeben sich für Sie zudem weiterführende Anwendungsmöglichkeiten für Ihr zielgerichtetes Auftreten und Kommunizieren. Dabei erfolgen die Ausführungen zum Teufelskreismodell stark angelehnt an Christoph Thomann und Friedemann Schulz von Thun (2019) sowie an Friedemann Schulz von Thun (2019b). Siehe dazu eventuell auch ergänzend die Darstellungen zum 3. Axiom der Kommunikationsaxiome (Kap. 8.9):

Im Kern geht es bei dem Ansatz darum, dass Menschen dazu tendieren, lediglich auf das nach Außen gezeigte Verhalten anderer Personen zu reagieren, ohne deren dahinterliegende Gefühle bzw. Beweggründe miteinzubeziehen. Aus diesem Umstand können Spannungen, Missverständnisse und Konflikte etc. entstehen, die sich immer weiter verstärken und zu einer Abwärtsspirale bzw. einem Teufelskreis führen. Dieser in der Theorie leicht nachvollziehbare Sachverhalt hat gravierende praktische Auswirkungen auf viele Bereiche der menschlichen Interaktion.

Detaillierter betrachtet besteht nach dem Teufelskreismodell jede Aktion, wie auch jede Reaktion, eines Interaktionspartners aus einer *Innerung* (inneres Gefühl), gefolgt von einer *Äußerung* (äußeres Verhalten). Beide Partner reagieren jedoch in der Regel nur auf die *Äußerung* bzw. das äußere Verhalten des Gegenübers. Wenn es dabei zu Spannungen kommt, kann ein sich selbst verstärkender negativer Kreislauf entstehen. Dieser entwickelt sich, falls kein Ausstieg erfolgt, häufig bis zur Eskalation weiter.

Dies lässt sich in vier Schritte untergliedern:
1. A zeigt ein Verhalten *(Äußerung von A)*.
2. Das löst in B (negative) Gefühle aus *(Innerung von B)*.
3. Daraufhin verhält sich B dementsprechend *(Äußerung von B)*.
4. Das löst in A (negative) Gefühle aus *(Innerung von A)*.

Infolgedessen verhält sich A dementsprechend *(Äußerung von A)* und ein (negativer) Kreislauf entsteht.

Bei einem derartigen Teufelskreis sind sich die Beteiligten der ablaufenden Gesamtdynamik in der Regel nicht bewusst. Zudem ist auch meist kein Anfang auszumachen.

Praktische Ableitungen für Sie:

Diese beiden Beispiele sollen Ihnen das Teufelskreismodell noch besser veranschaulichen:

Beispiel – Bereich Verkauf (A = Kunde, B = Verkäufer):
1. A kauft weniger bei B *(Äußerung von A).*
2. B fühlt sich dadurch übergangen *(Innerung von B).*
3. B nimmt Kontakt mit A auf und wirbt intensiv für seine Produkte und Leistungen *(Äußerung von B).*
4. A fühlt sich daraufhin bedrängt und genervt *(Innerung von A).*

Darum kauft A weniger bei B *(Äußerung von A)* usw.

Beispiel – Bereich Führung (A = Mitarbeiter, B = Führungskraft):
1. A verhält sich am Arbeitsplatz lustlos und unmotiviert *(Äußerung von A).*
2. B ist daraufhin enttäuscht und verärgert *(Innerung von B).*
3. B rügt A und droht mit Konsequenzen *(Äußerung von B).*
4. A fühlt sich dadurch herabgesetzt und demotiviert *(Innerung von A).*

Dementsprechend verhält sich A lustlos und unmotiviert *(Äußerung von A)* usw.

Das Wissen um das Teufelskreismodell hilft Ihnen in betreffenden Fällen dabei, die Gesamtdynamik bzw. deren Wechselwirkungen bewusster wahrzunehmen. Auf dieser Grundlage können Sie versuchen, den negativen Kreislauf zu beenden. Hierbei bieten Ihnen diese drei Ansätze Orientierung für den Ausstieg:

- Spüren Sie in sich hinein, was für negative Gefühle das Verhalten Ihres Gegenübers bei Ihnen auslöst *(Ihre Innerung).* Verhalten Sie sich anschließend ganz bewusst in einer Weise, die den Kreislauf nicht weiter verstärkt bzw. unterbricht *(Ihre Äußerung).*
- Lassen Sie einige Zeit verstreichen, bis sich die Gemüter beruhigt haben. Bitten Sie Ihren Interaktionspartner dann um ein gemeinsames Gespräch. Bei diesem machen Sie die Gesamtdynamik transparent. Tauschen Sie sich dabei auch möglichst sachlich, offen sowie kooperativ statt konfrontativ darüber aus, was das Verhalten des anderen *(Äußerungen)* jeweils in Ihnen bewirkt und warum Sie das je so trifft *(Innerungen).* Suchen Sie auf der dadurch geschaffenen Basis zusammen nach Lösungen für die Zukunft und gehen Sie diese gemeinsam an.
- Sie haben zudem die Möglichkeit, sich in gegenseitigem Einvernehmen Unterstützung von geeigneten unparteiischen Dritten bzw. professionell ausgebilde-

ten Fachleuten einzuholen. Diese können den Ausstiegs- bzw. Lösungsprozess moderierend, entlastend und stabilisierend begleiten.

Neben dem Auflösen von Teufelskreisen ist auch denkbar, dass Sie diese im Sinne Ihrer Kommunikationsstrategie oder/und -taktik bewusst herbeiführen bzw. verstärken wollen. Dazu zeigen Sie ein Verhalten *(Ihre Äußerung)*, dass in Ihrem Interaktionspartner möglichst eine negative Gefühlslage *(seine Innerung)* auslöst. Sie reizen ihn also oder werten ihn ab usw. *(Ihre Äußerung)*, um bei ihm Emotionen, wie z. B. Ärger, Wut oder Aggression *(seine Innerung)*, und ein entsprechendes Verhalten *(seine Äußerung)*, wie Lautwerden, Rückzug oder unsicheres Auftreten etc., hervorzurufen. Daraufhin reagieren Sie wieder mit einem den Teufelskreis stimulierenden Verhalten *(Ihre Äußerung)* usw.

Bedenken Sie bei derartigen Herangehensweisen jedoch zuvor, ob Sie dadurch insgesamt nicht mehr verlieren als gewinnen. Schließlich belasten Sie damit beispielsweise die Beziehung, gefährden das Ihnen entgegengebrachte Vertrauen und steigern das Konfliktpotenzial, um nur einige der möglichen weiteren Auswirkungen zu nennen. Siehe hierzu eventuell als Ergänzung die Ausführungen zur Beziehungsebene bzw. zum Eisbergmodell (Kap. 8.3) und zum zwischenmenschlichen Vertrauen (Kap. 4.2).

Im Gegensatz zu Teufelskreisen, also negativen Kreisläufen, gibt es in der menschlichen Interaktion ebenso positive Kreisläufe, die auch teilweise als Engelskreise bezeichnet werden. Auf diese wird innerhalb dieser Darstellungen allerdings nicht ausführlich eingegangen, was im Wesentlichen drei Gründe hat: Erstens sind sie nicht Gegenstand des hier behandelten Teufelskreismodells. Zweitens haben sie im Hinblick auf die Kommunikation grundsätzlich einen unproblematischen und förderlichen Charakter. Drittens lassen sich die Gesamtdynamik und die Wechselwirkungen eines positiven Kreislaufs gut von diesen Erläuterungen zum Teufelskreismodell ableiten.

Folglich besteht für Sie dahingehend ebenfalls die Möglichkeit zu versuchen, positive Kreisläufe bewusst und zielgerichtet herbeizuführen. Dadurch können Sie die damit einhergehenden vorteilhaften Auswirkungen im Sinne Ihrer angestrebten Zielsetzung für sich nutzen.

Nun noch zwei wichtige Aspekte zu den inneren Gefühlen und Beweggründen *(Innerung)*, da diese in Interaktionssituationen meist nicht so viel Aufmerksamkeit erhalten als das nach außen gezeigte Verhalten *(Äußerung)*:

- Das Innere bzw. die *Innerung* Ihres Gegenübers zu bedenken und/oder gar zu erfragen ist für das Erreichen Ihres Interaktionsziels von immenser Bedeutung. Diese Informationen sollten Sie anschließend in Ihre Kommunikation und Ihr Auftreten einbeziehen. So können Sie individueller auf Ihr Gegenüber eingehen, um erfolgreicher zu motivieren, zu verkaufen, Konflikte zu lösen, zu verhandeln und zu führen. Überdies ist das für Sie auch in interkulturellen Kontexten ein wesentlicher Faktor für gelingende Interaktionen. Deshalb wird bei den Ausführungen im Rahmen der beruflichen Bereiche (Kap. 9) mehrmals darauf Bezug genommen. Siehe hier bei Interesse insbesondere die Erläuterungen zu den Themen Motivation (Kap. 9.1) und Konflikt (Kap. 9.3).
- Zu reflektieren, welche *Innerungen* bzw. Gefühle und Beweggründe das Verhalten eines anderen Menschen in Ihnen auslöst, hilft Ihnen, sich selbst bewusster zu werden und auch so aufzutreten. In Situationen, in denen das sinnvoll, machbar und nicht nachteilig für Sie ist, können Sie Ihre *Innerungen* zudem mitteilen. Das hat den Vorteil, dass Ihr Interaktionspartner dahingehend Bescheid weiß, wodurch er Ihre Haltung bzw. Ihr Verhalten besser nachvollziehen kann. Dies erhöht wiederum Ihre Überzeugungswirkung.

Neben dem Teufelskreismodell finden Sie in diesem Buch zahlreiche Themen, die die Verbindung von inneren Haltungen und Prozessen mit dem äußeren Verhalten mit einbeziehen. Siehe dazu vornehmlich eventuell die Darstellungen zu den inneren Anteilen (Kap. 5.1), den inneren Antreibern (Kap. 5.4) und der Redepyramide (Kap. 8.14).

8.3 Eisbergmodell – Inhalt und Beziehung

Das Kommunikationsmodell des Eisbergs ist, in Anlehnung an Sigmund Freud, auf Floyd L. Ruch und Philip G. Zimbardo (1974) zurückzuführen. Es verdeutlicht Ihnen die Gewichtung der beiden Aspekte Inhalt und Beziehung bei Ihren Interaktionen mit anderen Personen:

Nach dem Modell ist Kommunikation mit einem Eisberg vergleichbar, bei dem nur ein sehr kleiner Teil über der Wasseroberfläche zu sehen ist, während sich der weitaus größere Teil darunter befindet: Bezogen auf die Kommunikation bedeutet das, dass nur ein geringer Anteil wirklich ausgesprochen wird. Damit ist die Inhaltsebene gemeint, also z. B. Aussagen zu Zahlen, Daten, Fakten, Gefühlen und Wünschen. Das meiste bleibt hingegen unausgesprochen und übt dennoch einen entscheidenden Einfluss aus. Dies betrifft die Beziehungsebene, z. B. Absichten, Gefühle, Ängste, Wünsche, Konflikte, Persönlichkeitsmerkmale, Interessen, Vorlieben, Lust, Triebe, Werte, Normen und Traumata.

Praktische Ableitungen für Sie:

Die Ansicht, dass es für einen Sprecher von Vorteil ist, wenn ihn sein Gegenüber sympathisch findet, ihm vertraut und ihn als Person annimmt etc. dürften die meisten Menschen teilen. Dennoch wird der Beziehungsebene im beruflichen Alltag nicht immer die angebrachte Aufmerksamkeit geschenkt. Dies kann verschiedene Gründe haben: Beispielsweise können Zeitdruck, hohe Arbeitsbelastung, Effizienzstreben oder persönliche Gehemmtheit dazu führen, sich rein auf den Inhalt zu fokussieren.

Auch wenn die genannten Punkte nachvollziehbar sind, sollten Sie den Aufbau und die Pflege einer guten Beziehung zu Ihren Interaktionspartnern ernst nehmen und aktiv anstreben. Das hat für Sie viele Vorteile, wie diese Beispiele verdeutlichen:

- Sie erreichen Ihr Kommunikationsziel häufig hauptsächlich über die Beziehungsebene. So macht es z. B. einen großen Unterschied, ob Ihr Gegenüber Ihnen vertraut oder nicht. Ist Vertrauen vorhanden, müssen Sie weniger Überzeugungsarbeit leisten. Beispielsweise wird ein Kunde, der Ihnen vertraut, eher bei Ihnen kaufen und ein Mitarbeiter, der Ihnen Vertrauen entgegenbringt, mehr Bereitschaft zeigen, Ihren Zielsetzungen und Anweisungen zu folgen. Wird Ihnen dagegen misstraut, ist die Kommunikation für Sie bedeutend schwieriger. Siehe dazu gegebenenfalls ebenso die Ausführungen zu den Thematiken zwischenmenschliches Vertrauen (Kap. 4.2) und Vertrauensaufbau (Kap. 4.4).
- Eine gute Beziehung ist belastbarer. Das erleichtert Ihnen ebenfalls vieles, z. B. wenn inhaltliche Meinungsverschiedenheiten oder Schwierigkeiten bei Arbeitsabläufen auftreten oder/und Sie Unterstützung benötigen.
- Beziehungsprobleme, die zum Verlust von Kunden, Geschäftspartnern und Mitarbeitern etc. führen, können vermindert werden.
- Passt die persönliche Beziehung, wirkt sich das förderlich auf Aspekte wie die Motivation, die Kooperation und die Loyalität aus.

Sie haben viele Möglichkeiten zur Beziehungspflege, die sich situativ angemessen einsetzen lassen: Beispiele hierfür sind freundliches Begrüßen und Verabschieden, Smalltalk betreiben, aktiv zuhören, im Bedarfsfall Unterstützung anbieten bzw. leisten, sich für einen Gesprächspartner Zeit nehmen, auch einmal etwas Privates preisgeben, transparent und aufrichtig informieren sowie sich zuverlässig und loyal verhalten.

In umgekehrter Weise können Sie bewusst auf Beziehungsaufbau und -pflege verzichten oder zielgerichtet Verhaltensweisen zeigen, die die Beziehung so schwer belasten, dass es zum von Ihnen gewünschten Abbruch der Kommunikation bzw. der Zusammenarbeit kommt. Hierbei sollten Sie sich allerdings im Hinblick auf Ihre Reputation genau überlegen, ob derartige Herangehensweisen Sinn machen.

Siehe darüber hinaus eventuell die Ausführungen zu den Aspekten Inhalt und Beziehung im Rahmen des nachfolgenden Kommunikationsquadrats sowie des 2. Axioms der Kommunikationsaxiome (Kap. 8.9).

8.4 Kommunikationsquadrat – vier Seiten einer Nachricht

Der Ansatz nach Friedemann Schulz von Thun verdeutlicht Ihnen, dass beim Übermitteln einer Nachricht stets vier Teilaspekte Wirkung zeigen. Das bekannte Modell wird aufgrund seiner vier Aspekte bzw. Seiten häufig als Quadrat dargestellt und demgemäß als vier Seiten einer Nachricht oder Kommunikationsquadrat bezeichnet. Es bietet Ihnen viele Möglichkeiten, sich vertieft mit dem Thema Kommunikation auseinanderzusetzen. Dabei lässt Sie dieser Ansatz gut erkennen, warum Kommunikation oftmals kompliziert, missverständlich und störanfällig ist. Das können Sie für sich als Grundlage nutzen, um einfacher, verständlicher und störungsfreier zu kommunizieren:

Diese Ausführungen zum Kommunikationsquadrat erfolgen stark angelehnt an Friedemann Schulz von Thun (2019a). Siehe dazu bei Interesse ergänzend die Darstellungen zum vorhergehend behandelten Eisbergmodell sowie zum 2. Axiom der Kommunikationsaxiome (Kap. 8.9).

Nach dem Modell enthält jede Nachricht diese vier Aspekte:

1. Sachinhalt
2. Beziehung
3. Selbstoffenbarung
4. Appell

Dabei kommuniziert ein Sender, mittels sprachlicher und/oder körpersprachlicher Signale, eine Nachricht an einen Empfänger, bei der die vier Teilaspekte wirksam werden. Das daraufhin erfolgende Verhalten des Empfängers stellt eine Rückmeldung bzw. ebenfalls wieder eine Nachricht an den Sender dar. Dadurch wird der Empfänger nun zum Sender usw.

Erläuterungen zu den vier Seiten des Kommunikationsquadrats:

1. *Sachinhalt*
   Verkörpert den sachlichen Teil einer Nachricht. Das umfasst Zahlen, Daten und Fakten zu Aufgaben, Themen, Zielen etc.

2. *Beziehung*
   Beinhaltet, wie der Sender die Beziehung zum Kommunikationspartner sieht. Dadurch wird z. B. Wert- oder Geringschätzung vermittelt.

3. *Selbstoffenbarung*
   Hier zeigt der Sender Informationen über sich auf, z. B. wie er sich gerade fühlt und wie er persönlich zum Sachverhalt steht.

4. *Appell*
   Macht mehr oder weniger deutlich, was der Sender vom Empfänger will. Also, was dieser denken, fühlen oder tun soll.

In diesem Zusammenhang sind die vier Seiten einer Nachricht jeweils für den Sender und den Empfänger gesondert zu betrachten. Der Grund dafür ist, dass Menschen individuell unterschiedlich sind. Siehe hierzu eventuell ergänzend die Darstellungen zu den Thematiken Sozialisation und Entwicklung (Kap. 2), Inselmodell (Kap. 8.1) und Riemann-Thomann-Modell (Kap. 8.12). Deshalb werden häufig einzelne der vier

Aspekte, oftmals auch unbewusst, in verstärktem Maße gesendet und/oder empfangen. Dabei stimmt das Gesendete mit dem Empfangenen in der Regel mehr oder weniger gut überein, was (störungsbehafteten) Austausch ermöglicht.

Praktische Ableitungen für Sie:

Um Ihnen das Kommunikationsquadrat noch besser zu verdeutlichen, bietet es sich an, das Modell anhand einer Nachricht aus der beruflichen Praxis zu veranschaulichen: Hierbei ist der situative Rahmen, dass eine Führungskraft einem Mitarbeiter die Anweisung erteilt, einen Sachverhalt zu prüfen, an dem beide nicht beteiligt waren.
Vor diesem Hintergrund wird der folgende Beispielsatz vom Mitarbeiter mit ruhiger Stimme, offener Körperhaltung und ausgeglichener Gestik gesprochen.

Beispiel – Bereich Führung (Sender = Mitarbeiter, Empfänger = Führungskraft):
»Dazu sind alle relevanten Unterlagen notwendig.«

- *Sender – Mitarbeiter*
  - Sachinhalt, z. B.: ›Dazu sind alle relevanten Unterlagen notwendig.‹
  - Beziehung, z. B.: ›Ich folge Ihren Anweisungen, aber ich kann mich nicht darauf verlassen, dass Sie an die wesentlichen Bedingungen denken.‹
  - Selbstoffenbarung, z. B.: ›Ich bin in der Lage, die diesbezüglichen Erfordernisse abzuschätzen.‹
  - Appell, z. B.: ›Sorgen Sie dafür, dass ich die benötigten Unterlagen bekomme.‹
- *Empfänger – Führungskraft*
  - Sachinhalt, z. B.: ›Dazu sind alle relevanten Unterlagen notwendig.‹
  - Beziehung, z. B.: ›Sie trauen mir nicht zu, selbst an die erforderlichen Unterlagen zu denken.‹
  - Selbstoffenbarung, z. B.: ›Sie legen Wert darauf, Ihre Fachkenntnis zu betonen und die Kontrolle zu behalten.‹
  - Appell, z. B.: ›Sie wollen von mir, dass ich Ihnen die Befugnis erteile, die hierfür notwendigen Unterlagen einzusehen.‹

Wenn Sie nun vergleichen, was in diesem Beispiel bei jedem der vier Aspekte jeweils gesendet und empfangen wurde, werden Ihnen sowohl Gemeinsamkeiten als auch Unterschiede auffallen. Dabei dürfte aufgrund vieler Übereinstimmungen insgesamt eine Verständigung stattgefunden haben. Im Detail zeigen sich allerdings Verschiedenheiten, aus denen sich zwischen Sender und Empfänger Missverständnisse, Störungen oder gar Konflikte ergeben können. Hierfür sind viele auslösende und verstärkende Faktoren denkbar, z. B.:

- Appellaspekt: Es macht einen Unterschied, ob jemand Unterlagen bekommt und damit in seiner gewohnten Umgebung arbeiten kann oder ob er lediglich die Befugnis erhält, diese (gegebenenfalls nur teilweise, für eine begrenzte Zeit, an einem anderen Ort usw.) einzusehen.
- Persönlichkeits- und/oder situationsbedingte Unterschiede, Nachrichten bevorzugt auf der Sachinhalts-, Beziehungs-, Selbstoffenbarungs- oder Appellebene zu senden und/oder zu empfangen.
- Verschiedenartige Interpretationen von Begriffen und Zusammenhängen.
- Kommunikation beeinträchtigende Rahmenbedingungen, wie Zeitdruck, überhöhte Ergebnisvorgaben oder Antipathie etc.

Siehe dazu bei Interesse als Ergänzung zudem die Ausführungen zu den Themen Inselmodell (Kap. 8.1), Begriffsverständnis (Kap. 8.7), Kommunikationsprozess (Kap. 8.8) und Riemann-Thomann-Modell (Kap. 8.12).

Das Wissen um das Kommunikationsquadrat lässt Sie Interaktionen im Hinblick auf die vier Seiten einer Nachricht bewusster wahrnehmen und verstehen. Dadurch haben Sie die Möglichkeit, zielgerichteter zu agieren und zu reagieren sowie Missverständnissen, Störungen und Konflikten entgegenzuwirken. Hierzu noch einige Anregungen:

- Seien Sie aufmerksam, aus welchem der vier Aspekte Sie und Ihr Gegenüber jeweils senden und empfangen. So können Sie Ihr eigenes Kommunikationsverhalten besser auf Ihren Interaktionspartner sowie dessen Bedürfnisse und Eigenheiten abstimmen.
- Das Ansteuern einer für Ihre Strategie und Taktik geeigneten Seite einer Nachricht lässt Sie meist noch erfolgreicher auftreten und kommunizieren.
- Wenn Sie merken, dass eine Nachricht Ihres Gegenübers einen Ihrer Ansicht nach unpassenden der vier Aspekte betont, können Sie bewusst versuchen, das wohlwollend für sich umzudeuten oder zumindest nicht überzubewerten.
- Sich in einer ruhigen Minute sachlich und offen bezüglich der Art und Weise Ihrer Kommunikation auszutauschen, wirkt häufig ebenfalls klärend und deeskalierend. Sprechen Sie hier mit Ihrem Interaktionspartner möglichst kooperativ statt konfrontativ darüber, wie und warum Sie beide jeweils in bestimmten Situationen Nachrichten bevorzugt aus bzw. mit einer der vier Seiten senden oder empfangen. Dabei führen gegenseitige Schuldzuweisungen in Richtung Eskalation. Vielmehr geht es darum, dem anderen Einblick zu gewähren und ihn teilhaben zu lassen. Dadurch sollen die Beziehungsebene gestärkt sowie Gemein-

samkeiten, Unterschiede, Missverständnisse, Störungen und Konfliktauslöser etc. transparenter werden. Auf dem Fundament können Sie dann zusammen nach Lösungen suchen und diese umsetzen. Siehe hierzu eventuell ergänzend die Darstellungen zur Beziehungsebene bzw. zum Eisbergmodell (Kap. 8.3) und zum Thema Konflikt (Kap. 9.3).

Des Weiteren haben Sie ebenfalls die Möglichkeit, das Kommunikationsquadrat auf sich selbst zu fokussieren: Dazu können Sie überdenken, ob und gegebenenfalls auch wie und warum Sie als Sender und Empfänger jeweils allgemein oder in Bezug auf bestimmte Personen, Themen, Situationen, Ziele etc. zu einem der vier Aspekte tendieren. In diesem Zusammenhang wäre dann zudem interessant, was für Vor- und Nachteile das für Sie mit sich bringt. Das lässt sich allein, mit anderen Personen und/oder professioneller Begleitung reflektieren. Wenn Sie sich daraufhin in der Hinsicht weiterentwickeln möchten, können Sie auf dieser Grundlage Ihre nächsten Schritte festlegen.

8.5 Sprechdenken – Sprechen und Denken

Diese Ausführungen erläutern Ihnen, was mit »Sprechdenken« gemeint ist, warum Sie beim Sprechen auch Fehler machen und wie Sie diesbezüglich souveräner auftreten und kommunizieren können:

Angelehnt an Erich Drach (1926) stellt Denken nach Marita Pabst-Weinschenk (2011a, 2009) eine Bedingung für Sprechen dar. Allerdings wird dabei das Denken erst beim Sprechen vollendet. Somit finden Denken und Sprechen parallel statt und wirken wechselseitig aufeinander ein.

In der Regel ist der Gedanke, der ausgesprochen werden soll, noch nicht bis zum Ende durchdacht, wenn mit dem Sprechen begonnen wird. Demzufolge ist die genaue Ausformulierung des Gesprochenen zu diesem Zeitpunkt ebenfalls noch nicht bewusst. Vielmehr wird während des Sprechens weitergedacht, wobei sich der Gedanke auch für den Sprecher erst mit dem Ausformulieren vollends klärt.

Praktische Ableitungen für Sie:

Dieser Prozess des parallelen Sprechens und Denkens ist anspruchsvoll. Das führt z. B. dazu, dass Sie sich manchmal versprechen, Sie Sätze nicht so eloquent formulieren und beenden, wie Sie sich das wünschen, Ihnen die passenden Worte nicht einfallen, Sie Füllwörter verwenden oder den Faden verlieren.

Falls Ihnen Derartiges, besonders bei für Sie wichtigen Kommunikationen, passiert, ist Ihnen das vielleicht unangenehm oder gar peinlich. Dazu besteht jedoch in der Regel kein Grund, da das in gewisser Hinsicht einfach zum Sprechen dazugehört. Siehe hierzu bei Interesse ergänzend die Ausführungen zum im Anschluss behandelten Phänomen des Lampenfiebers.

Sie wirken glaubwürdig und überzeugend, wenn Sie gekonnt auftreten, inhaltlich etwas zu sagen haben sowie dabei einen authentischen und ehrlichen Eindruck vermitteln. Fehlerfreiheit, Drill und Perfektion sind bis auf sehr wenige Kommunikationsanlässe unnötig. Machen Sie sich also wegen gelegentlichen Versprechern, unglücklicher Wortwahl und ungewollten Denkpausen möglichst keine belastenden Gedanken. Vor allem nicht, während Sie noch sprechen, da Sie das zum einen ablenkt und verunsichert sowie zum anderen den scheinbaren Fehltritt im Nachhinein auch nicht rückgängig macht.

Sie können Ihr Sprechdenken erleichtern, indem Sie sich z. B. auf Reden und Gespräche vorbereiten, die Gliederung bzw. wichtige Stichworte als Merkhilfe notieren sowie, soweit machbar und sinnvoll, Ihre Kommunikation vorher üben. Zudem sollten Sie beim Sprechen Ihre Gestik nicht unterdrücken, sondern zeigen, da das Ihren Redefluss unterstützt. Siehe dazu gegebenenfalls ebenso die Ausführungen zur Gestik im Rahmen der Darstellungen zum körperlichen Ausdruck (Kap. 6.1).

8.6 Lampenfieber – kennen alle

Nachfolgend finden Sie das Thema Lampenfieber behandelt. Sie erhalten Kenntnis darüber, was Lampenfieber ist und wie Sie es überwinden oder zumindest besser in den Griff bekommen können. Das dient Ihnen dazu, überzeugender aufzutreten und zu kommunizieren:

Begriffe wie »Lampenfieber«, »Redeangst« und »Sprechhemmung« benennen ein Phänomen, das jeder Mensch kennt. Die meisten aus eigener Erfahrung. Es geht um Nervosität, Angst und Stress sowie damit einhergehende unangenehme körperliche Reaktionen, die im Hinblick auf die zwischenmenschliche Kommunikation in bestimmten Rede- bzw. Sprechsituationen auftreten.

Bei genauerer Betrachtung unterscheiden sich hier die Intensität des Lampenfiebers und die Gegebenheiten, bei denen es aufkommt, sowie die körperlichen Folgen, die damit einhergehen, von Person zu Person. Ebenso verschieden können die Ursachen sein.

In der Regel handelt es sich um Kommunikationssituationen, die vom Sprecher mit Erfolgsdruck und hohen Erwartungen verbunden werden. Das können im beruflichen Rahmen z. B. Reden und Präsentationen sowie als wichtig und/oder schwierig empfundene Besprechungen, Verhandlungs-, Verkaufs- und Führungsgespräche sein. Ist der jeweilige Kontext ungewohnt und/oder löst er Unbehagen aus, zeigt dies ebenfalls Wirkung. Zu den möglichen körperlichen Anzeichen gehören z. B. Konzentrationsschwierigkeiten, ein schnellerer Puls, eine gesteigerte Atemfrequenz, eine erhöhte Sprechstimme, ein trockener Mundraum, Erröten und schwitzige Hände.

Praktische Ableitungen für Sie:

Lampenfieber ist im Grunde ein Teil der gesprochenen Kommunikation und macht Sie nicht zu einem schlechten Redner bzw. Sprecher. Sollten Sie davon betroffen sein, ist es jedoch gewinnbringend, sich mit dem Thema auseinanderzusetzen. Gründe dafür sind, dass es Ihnen Unbehagen verursacht und, bei von außen stärker wahrnehmbaren körperlichen Anzeichen, Ihre souveräne und überzeugende Wirkung beeinträchtigt.

Es gibt einige Herangehensweisen, um das Lampenfieber zu besiegen oder zumindest zu lernen, besser damit umzugehen. Je öfter Sie diese anwenden, desto mehr Erfolg stellt sich mit der Zeit ein. Dabei soll Ihnen die nachfolgende grobe Einteilung in verschiedene Bereiche als Orientierung dienen. Falls es Ihnen für sich sinnvoller erscheint, bestimmte Methoden anders zuzuordnen und umzusetzen, passen Sie diese dementsprechend an:

- *Grundlegende, regelmäßig praktizierte Vorgehensweisen, z. B.:*
  Um Ihr Lampenfieber in den Griff zu bekommen, ist es ein guter Ansatz, diesem einen längeren Zeitraum, beispielsweise über ein halbes Jahr hinweg, beständig entgegenzuwirken. Dabei helfen Ihnen die nachfolgenden Herangehensweisen. Wenn Sie nach dieser Zeit der Ansicht sind, dass Sie noch länger in dieser Art vorgehen sollten, machen Sie das:

  - Reflektieren Sie nach und nach, ob bzw. inwieweit Thematiken wie Ihr Selbstvertrauen (Kap. 4.1) und zwischenmenschliches Vertrauen (Kap. 4.2) sowie Ihre inneren Anteile (Kap. 5.1), inneren Antreiber (Kap. 5.4) und inneren Grundeinstellungen (Kap. 5.6) zu Ihrem Lampenfieber beitragen. Arbeiten Sie gegebenenfalls daran, diesbezüglich einschränkende Aspekte zu mindern oder aufzulösen.
  - Begeben Sie sich häufig in betreffende Situationen und suchen Sie regelrecht nach derartigen Herausforderungen. Wenn Sie sich von anfänglichen Härten nicht abschrecken lassen, wird nach einiger Zeit ein Gewöhnungseffekt eintreten, wodurch Anspannung und Aufregung abnehmen.
  - Üben Sie wöchentlich oder vierzehntägig Reden, Präsentationen und Gespräche vor bzw. mit Familienmitgliedern, Freunden und Bekannten, die Ihnen zur Seite stehen. Oder/und suchen Sie sich Gleichgesinnte, die auch an ihrem Lampenfieber arbeiten möchten, und üben Sie in diesem Kreis.
  - Filmen Sie sich selbst bei Ihren realen oder als Übung durchgeführten Kommunikationen. Das unterstützt Sie ebenfalls dabei, Fortschritte zu machen: So können Sie sich für das nächste Mal bestimmte Dinge vornehmen, die Sie verändern möchten, z. B. Versprecher, Füllwörter, Atmung und weitere körpersprachliche bzw. stimmliche Faktoren. Siehe hierzu bei Interesse ergänzend die Erläuterungen zum vorhergehend behandelten Sprechdenken (Kap. 8.5) sowie die betreffenden Darstellungen im Rahmen der Ausführungen zur Körpersprache (Kap. 6). Zudem haben Sie anhand dieser Aufnahmen die Möglichkeit, Ihre Entwicklung besser einzuschätzen.
  - Führen Sie mehrmals in der Woche Atem-, Haltungs- und Entspannungsübungen durch. Das hilft Ihnen, auch bei Nervosität, Angst und Stress möglichst weiter in den Bauch zu atmen und eine entspannte Körperhaltung zu bewahren.

- *Bei der Vorbereitung auf eine Kommunikationssituation, z. B.:*
  - Machen Sie sich folgende drei Aspekte bewusst und verinnerlichen Sie diese:
    - ▶ Lampenfieber betrifft fast jeden irgendwie. Es ist eine normale Erscheinung und kein Zeichen von Schwäche oder Unvermögen und es muss Ihnen nicht peinlich sein.
    - ▶ Die meisten der Anwesenden (gilt insbesondere für Reden und Präsentationen) sind froh, nicht selbst sprechen zu müssen, suchen nicht nach Unzulänglichkeiten, können sich einfühlen und haben aufgrund eigener Erfahrungen Verständnis.
    - ▶ Andere Personen wissen nicht um Ihre innere Unsicherheit sowie den Grad Ihres Lampenfiebers und nehmen diesbezügliche äußere Merkmale meist

wesentlich weniger intensiv wahr, als Sie denken. Siehe dazu eventuell ergänzend die Darstellungen zum Selbst- und zum Fremdbild bzw. zum Johari-Fenster im Rahmen der Erläuterungen zur Standortbestimmung (Kap. 10.1). Sofern es in der Außenwirkung nicht überhandnimmt, lässt Sie ein authentischer Auftritt mit Lampenfieber in den Augen vieler Menschen durchaus glaubwürdig und überzeugend wirken.

- Bereiten Sie sich rechtzeitig und in Ruhe vor. Dabei können Sie den Einstieg und den Schluss Ihrer Kommunikation wortwörtlich lernen, um hier, wenn nötig, Sicherheit zu gewinnen. Verinnerlichen Sie darüber hinaus den geplanten Ablauf und was Sie zu den einzelnen Punkten sagen möchten, ohne jedoch alles auswendig zu lernen. Das lässt Sie freier, natürlicher und glaubwürdiger auftreten und kommunizieren. Denken Sie auch je nach Situation daran, Stichwortzettel, Präsentationsfolien und/oder Unterlagen etc. vorzubereiten, um diese als Merkhilfen zu nutzen.
- Machen Sie sich im Hinblick auf Ihre letzte derartige Kommunikation bewusst, was Sie diesmal bezüglich Ihres Lampenfiebers genauso, anders oder besser umsetzen möchten.
- Lassen Sie vor Ihrem geistigen Auge mehrfach eine Art inneren Erfolgsfilm ablaufen, in dem Sie die bevorstehende Situation gekonnt meistern, und stimmen Sie sich so positiv ein.
- Achten Sie darauf, ausgeschlafen und in einem guten körperlichen Zustand in die betreffende Kommunikation zu gehen.

• *Direkt vor einer (geplanten) Kommunikationssituation, z. B.:*
  - Vergegenwärtigen Sie sich diese drei Aspekte:
    - ▶ Alle Anwesenden sind Menschen mit Stärken und Schwächen.
    - ▶ Jeder hier kennt Lampenfieber, wobei die meisten in bestimmten Situationen selbst davon betroffen sind.
    - ▶ Es geht darum, möglichst Ihr Kommunikationsziel zu erreichen, und nicht um einen perfekten Auftritt.
  - Smalltalken Sie, telefonieren Sie mit Bekannten oder lenken Sie sich anderweitig ab, statt verbissen immer wieder alles erneut durchzugehen und sämtliche Eventualitäten zu bedenken.
  - Suchen Sie sich, wenn machbar, einen ruhigen Ort und führen Sie einige Atem- und/oder Entspannungsübungen durch.
  - Halten Sie sich gegebenenfalls Ihre Stichwortzettel, Präsentationsfolien und Unterlagen als Merkhilfen bereit.

- *Innerhalb einer Kommunikationssituation, z. B.:*
  Versuchen Sie, die folgenden Punkte so gut es geht umzusetzen. Das wird Ihnen mal besser und mal nicht so gut gelingen, wobei im Laufe der Zeit eine Veränderung zum Positiven erkennbar sein sollte. Zwingen Sie sich aber nicht, dies unbedingt und verbissen einzuhalten. Nutzen Sie diese vier Ansatzpunkte vielmehr für sich, um nach und nach zu mehr Ruhe und Gelassenheit zu gelangen:
  - Atmen Sie in den Bauch.
  - Bleiben Sie locker bzw. behalten Sie eine situativ angemessene, entspannte Körperhaltung bei.
  - Denken Sie möglichst wenig oder gar nicht über Ihr Lampenfieber und die eventuell damit verbundenen, äußerlich wahrnehmbaren Auswirkungen nach.
  - Beziehen Sie unklare Reaktionen und nonverbale Signale anwesender Personen nicht negativ auf sich und Ihr Lampenfieber.

- *Bei der Nachbereitung einer Kommunikationssituation, z. B.:*
  Reflektieren Sie Ihren Umgang mit Ihrem Lampenfieber und was Sie diesbezüglich beim nächsten Mal genauso oder anders machen wollen. Falls Sie hierzu die Möglichkeit haben, sich ehrliches Feedback von Personen einzuholen, denen Sie vertrauen, können bzw. sollten Sie das nutzen.

Testen Sie aus, welche der angeführten Herangehensweisen gut zu Ihnen passen und für Sie sinnvoll sind. Setzen Sie diese dann in der beschriebenen oder in abgewandelter Form für sich um. Bedenken Sie bei Bedarf auch die Möglichkeit, sich von professionell ausgebildeten Fachleuten unterstützen zu lassen.

Innerhalb dieser Ausführungen zum Lampenfieber wurden die Themen Bauchatmung und entspannte Körperhaltung eingebracht bzw. wurde auf das Durchführen von Atem-, Haltungs- und Entspannungsübungen verwiesen. Siehe hierzu bei Interesse ergänzend die Erläuterungen zur Körperhaltung und -bewegung bei den Darstellungen zum körperlichen Ausdruck (Kap. 6.1) sowie zur Körperspannung und zur Atmung im Rahmen der ergänzenden Aspekte (Kap. 6.5) der Körpersprache.

Wenn Sie sich mit Ihrem Lampenfieber befassen und dieses ganz oder teilweise überwinden, bringt Ihnen das innere Erleichterung sowie eine souveränere Wirkung nach außen.

8.7 Begriffsverständnis – bedeutsam und subjektiv

Im Folgenden erfahren Sie, was mit »Begriffsverständnis« gemeint ist sowie warum Sie und Ihre Interaktionspartner Begriffe verschieden interpretieren. Das lässt Sie bewusster kommunizieren:

Thomas Eckes (1991) zufolge stellt ein strukturiertes System von Begriffen eine Bedingung dar, um z. B. Sprache verstehen, sich erinnern, Schlussfolgerungen ziehen, Probleme lösen und Urteile bilden zu können. So lassen sich mit Begriffen materielle und immaterielle Gegenstände anhand von Ähnlich- und Unterschiedlichkeiten sowohl grob kategorisieren als auch differenzierter einordnen. Dies macht ein Erkennen möglich.

Dabei sind Begriffe jedoch keine objektiven Repräsentationen von Gegenständen. Vielmehr werden sie subjektiv konstruiert und gedeutet. Das beruht beispielsweise auf Schwerpunkten in der Wahrnehmung, Vorerfahrungen und Beurteilungssystemen, die im Laufe des Lebens einer Person individuell entstehen. Dementsprechend dienen Begriffe als Annäherungen an Gegenstände. Mit Blick auf die Informationsaufnahme und -verarbeitung sind sie (im Detail) meist vage und unscharf.

Praktische Ableitungen für Sie:

Mit Begriffen können Sie Lebewesen, Objekte, Ideen und Meinungen etc. benennen und überdies näher beschreiben. Wenn Sie und Ihre Interaktionspartner unter den Begrifflichkeiten dasselbe verstehen, haben Sie die Möglichkeit, sich auf diese Weise auszutauschen, was im Allgemeinen auch gut gelingt.

Da Begriffe allerdings subjektiv konstruiert und interpretiert werden, sind die damit verbundenen Vorstellungen und Bedeutungen nicht deckungsgleich. Somit verbinden Sie und Ihre Kommunikationspartner mehr oder weniger unterschiedliche Inhalte mit (vielen) Wörtern bzw. Benennungen.

Beispiele:

- Handelt es sich bei einem »Stift« um einen Bleistift, einen Kugelschreiber, einen Filzstift usw. oder eventuell auch um einen Reinigungsstift oder gar um einen umgangssprachlich so bezeichneten Auszubildenden?
- Was ist mit einer »guten« Lösung gemeint? Eine qualitativ hochwertige, eine kostengünstige, eine bedarfsgerechte etc. Lösung oder eine Kombination aus diesen und eventuell noch weiteren Anforderungen?
- Welche verschiedenen Vorstellungen können z. B. mit den Worten »umsatzstark«, »zeitnah«, »Führungskraft« oder »Gewinn« verbunden sein?

Bei genauerer Betrachtung wird deutlich, dass es bei den meisten Wörtern, besonders im Detail, unterschiedliche Möglichkeiten gibt, diese aufzufassen. In der Regel schließt der Empfänger situativ auf eine Bedeutung, die der vom Sender gemeinten so weit entspricht, dass daraus keine (sofortigen) beeinträchtigenden Auswirkungen entstehen. Zumindest gehen die Beteiligten davon aus, dass dem so ist.

Allerdings kann es aufgrund dieser Zusammenhänge auch unmittelbar oder im Nachhinein zu offenen oder verdeckten Meinungsverschiedenheiten, Missverständnissen, Störungen und Konflikten etc. kommen. Um dem entgegenzuwirken und das Verständnis zu fördern, können Sie sich gut an den angeführten Empfehlungen beim nachfolgend behandelten Kommunikationsprozess orientieren.

8.8 Kommunikationsprozess – Risiken und Möglichkeiten

Der Ansatz bietet Ihnen einen Überblick über den Prozess der Kommunikation. Dabei wird auch aufgezeigt, dass hier individuelle und situative Faktoren eine große Rolle spielen. Dadurch haben Sie die Möglichkeit, diesbezüglich bewusster zu kommunizieren:

Der Kommunikationsprozess im Sinne des Übermittelns von gesprochenen Nachrichten zwischen Personen ist ein anspruchsvoller Vorgang. Dieser kann überblicksartig in sechs Teilaspekte differenziert werden, die nachfolgend behandelt sind. Davon beziehen sich die Punkte 1. bis 3. auf den Sender und 4. bis 6. auf den Empfänger. Hierbei sind die Nummerierungen jedoch nicht so zu verstehen, dass ein Aspekt jeweils abgeschlossen sein muss, bevor der nächste beginnt. Zudem kann eine Nachricht aus verbalen und/oder nonverbalen Komponenten bestehen:

Sender (1. bis 3.)
1. Erstellen, Erinnern
2. Versprachlichen, Verschlüsseln
3. Übermitteln, Übersenden
4. Aufnehmen, Entschlüsseln
5. Verarbeiten, Interpretieren
6. Merken, Speichern

Empfänger (4. bis 6.)

Mit einer Reaktion auf die Nachricht wird der Empfänger seinerseits zum Sender.

Erläuterungen zu den Teilaspekten des Kommunikationsprozesses bzw. der Nachrichtenübermittlung:

1. *Erstellen, Erinnern*
   Der Sender konstruiert auf der Basis seiner subjektiven Sicht der Dinge eine Nachricht, die gesendet werden soll.

2. *Versprachlichen, Verschlüsseln*
   Der Sender bringt die von ihm konstruierte Nachricht im Rahmen seiner verbalen und/oder nonverbalen Möglichkeiten und Eigenheiten in eine versendbare Form.

3. *Übermitteln, Übersenden*
   Der Sender teilt seine Nachricht direkt oder durch von ihm als geeignet befundene Kommunikationstechnologie mit.

4. *Aufnehmen, Entschlüsseln*
   Der Empfänger nimmt die Nachricht im Rahmen seiner Möglichkeiten wahr.

5. *Verarbeiten, Interpretieren*
   Der Empfänger ordnet die von ihm wahrgenommene Nachricht auf der Basis seiner subjektiven Sicht der Dinge ein.

6. *Merken, Speichern*
   Der Empfänger behält die von ihm interpretierte Nachricht im Rahmen seiner Möglichkeiten im Gedächtnis und/oder macht sich Notizen etc.

Praktische Ableitungen für Sie:

Wenn Sie zu oder mit anderen Menschen sprechen, ist vieles subjektiv geprägt und von den individuellen Möglichkeiten der einzelnen Beteiligten sowie den situativen Gegebenheiten abhängig.

So erweisen sich der Kommunikationsprozess und die Nachrichtenübermittlung bei genauerer Betrachtung als komplex und dadurch auch risikobehaftet. Deshalb können bei Ihren Interaktionen aus zahlreichen Gründen Störungen, Missverständnisse und Konflikte etc. entstehen.
Beispielursachen:

- Unterschiedliche inhaltliche Auffassungen und/oder geteilte Vorstellungen vom Ablauf der Kommunikation. Siehe dazu bei Interesse die Erläuterungen zum 3. Axiom bei den Kommunikationsaxiomen (Kap. 8.9).
- Reaktionen, die nur auf das nach außen gezeigte und als unangemessen betrachtete Verhalten anderer Personen erfolgen, ohne deren innere Motive zu kennen bzw. mit einzubeziehen. Siehe hierzu eventuell ergänzend das Teufelskreismodell (Kap. 8.2).
- Störungen auf der Beziehungsebene. Siehe gegebenenfalls zudem das Eisbergmodell (Kap. 8.3) und das 2. Axiom der Kommunikationsaxiome (Kap. 8.9).
- Emotionen, wie z. B. Euphorie, Angst, Ärger und Wut.
- Rahmenbedingungen, wie z. B. Ortswahl, Zeitpunkt, Zeitdruck, Lautstärke sowie ungeeignete oder störungsanfällige Kommunikationstechnologie.
- Verschiedene Interpretationen von Begrifflichkeiten oder nonverbalen Signalen. Siehe hier auch eventuell die Ausführungen zum Begriffsverständnis (Kap. 8.7) und zur Körpersprache (Kap. 6).
- Als unpassend empfundener Kommunikationsstil, z. B. aufgrund von jeweils unterschiedlichen Persönlichkeiten und/oder eigenen Vorstellungen bzw. individuellen Erwartungen hinsichtlich der Aspekte Rolle, Status und Macht. Siehe hierzu gegebenenfalls die Darstellungen zu den Transaktionen (Kap. 5.3), zum Rollen- und zum Statusverhalten im Rahmen der Erläuterungen zu den ergänzenden Aspekten (Kap. 6.5) der Körpersprache, zum Kommunikationsquadrat (Kap. 8.4), zum 5. Axiom der Kommunikationsaxiome (Kap. 8.9), zum Thema Kommunikationspartner (Kap. 8.11) sowie zum Riemann-Thomann-Modell (Kap. 8.12).

Trotz der zahlreichen Möglichkeiten für Beeinträchtigungen gelingt der zwischenmenschliche Austausch mittels Sprache insgesamt betrachtet relativ gut. Falls Sie hier noch Verbesserungen anstreben, können Sie sich an den folgenden Empfehlungen orientieren:

- *Grundlegend, z. B.:*
  - Seien Sie sich der Zusammenhänge und der möglichen Risiken des Kommunikationsprozesses bewusst.
  - Lasten Sie auftretende Schwierigkeiten nicht sofort Ihrem Gegenüber an.
  - Versuchen Sie, nicht alles auf die Goldwaage zu legen und scheinbare Fehltritte nicht gleich persönlich zu nehmen.
  - Halten Sie wichtige Dinge (mit den relevanten Unterschriften der Beteiligten) zusätzlich schriftlich fest.
- *Als Sender, z. B.:*
  - Bemühen Sie sich um Objektivität, Faktenbasiertheit und exakte Wortwahl.
  - Sprechen Sie mit Betonung und Gestik, um zu verdeutlichen und zu unterstützen.
  - Fragen Sie, wenn machbar und angemessen, bei wichtigen Inhalten nach, was verstanden wurde.
- *Als Empfänger, z. B.:*
  - Bemühen Sie sich um Objektivität.
  - Versuchen Sie, genau zuzuhören und verstehen zu wollen.
  - Hören Sie aktiv zu und setzen Sie Verhaltensweisen ein, die das Verständnis fördern, z. B. Paraphrasieren, Nachfragen und Abklären.

Das Bewusstsein, um die Eigenheiten des Kommunikationsprozesses sowie die Möglichkeiten diesen zu verbessern, lässt Sie erfolgreicher auftreten und kommunizieren.

8.9 Kommunikationsaxiome - grundlegende Orientierung

Die als Axiome nach Watzlawick bekannten Grundsätze zum menschlichen Kommunizieren sind ein verbreiteter und praktikabler Ansatz. Sie können ihn zur Analyse von problematischer sowie zur Orientierung für Ihre gelingende Kommunikation nutzen. Dabei sind die Darstellungen zu den fünf Axiomen nach Paul Watzlawick, Janet H. Beavin und Don D. Jackson (2017, S. 58 ff.) wiedergegeben:

Die Grundsätze beziehen sich auf diese fünf Faktoren:

1. Die Unmöglichkeit, nicht zu kommunizieren
2. Die Inhalts- und Beziehungsaspekte der Kommunikation
3. Die Interpunktion von Ereignisfolgen
4. Digitale und analoge Kommunikation
5. Symmetrische und komplementäre Interaktionen

Erläuterungen zu diesen fünf Faktoren des menschlichen Kommunizierens anhand der zugehörigen Axiome nach Watzlawick:

1. *Die Unmöglichkeit, nicht zu kommunizieren*
   Axiom:
   Man kann nicht nicht kommunizieren.

2. *Die Inhalts- und Beziehungsaspekte der Kommunikation*
   Axiom:
   Jede Kommunikation hat einen Inhalts- und einen Beziehungsaspekt, derart, dass letzterer den ersteren bestimmt und daher eine Metakommunikation ist.

3. *Die Interpunktion von Ereignisfolgen*
   Axiom:
   Die Natur einer Beziehung ist durch die Interpunktion der Kommunikationsabläufe seitens der Partner bedingt.

4. *Digitale und analoge Kommunikation*
   Axiom:
   Menschliche Kommunikation bedient sich digitaler und analoger Modalitäten. Digitale Kommunikationen haben eine komplexe und vielseitige logische Syntax, aber eine auf dem Gebiet der Beziehungen unzulängliche Semantik. Analoge Kommunikationen dagegen besitzen dieses semantische Potenzial, ermangeln aber der für eindeutige Kommunikationen erforderlichen logischen Syntax.

5. *Symmetrische und komplementäre Interaktionen*
   Axiom:
   Zwischenmenschliche Kommunikationsabläufe sind entweder symmetrisch oder komplementär, je nachdem, ob die Beziehung zwischen den Partnern auf Gleichheit oder Unterschiedlichkeit beruht.

Praktische Ableitungen für Sie:

1. *Die Unmöglichkeit, nicht zu kommunizieren*
   Wenn Sie mit Menschen interagieren bzw. von diesen wahrgenommen werden, kommunizieren Sie. Der Grund dafür ist, dass alles, was Sie tun oder nicht tun, bewusst oder unbewusst interpretiert werden kann. Deshalb hat all Ihr Verhalten eine kommunikative Komponente.
   Beispiele:
   - Suchen Sie den Blickkontakt, wird das in der Regel als Kontaktaufnahme gesehen. Vermeiden Sie den Blickkontakt, wirkt das wahrscheinlich unsicher, unhöflich, wenig wertschätzend etc. Wenden Sie den Blick schnell wieder ab, wird das, abhängig von Ihren weiteren damit verbundenen nonverbalen Signalen, z. B. als herablassend oder schüchtern aufgefasst.
   - Falls Sie sich während einer Besprechung längere Zeit zu einem Thema äußern, könnte das als Engagement betrachtet werden. Sagen Sie nichts dazu, besteht die Möglichkeit, dass dies z. B. als mangelndes Engagement oder Ablehnung gewertet wird. Erläutern Sie, dass Sie aufgrund der derzeitig noch nicht ausreichenden Faktenlage keine Aussagen zu diesem Thema tätigen möchten, ist auch das interpretierbar. Hierbei könnte Ihnen zugeschrieben werden, auf Objektivität zu achten oder über zu wenig Meinungsstärke zu verfügen.

   Vor diesem Hintergrund erscheint es für Sie vor allem bei bedeutenden und schwierigen Interaktionen angebracht, sich Ihres Verhaltens bewusster zu sein und dieses auf Ihr bzw. Ihre Gegenüber abzustimmen. Das soll Ihnen helfen, möglichen Fehlinterpretationen entgegenzuwirken. Dies macht jedoch nur Sinn, wenn Sie das nicht zu sehr in Ihrem Handeln einschränkt.

2. *Die Inhalts- und Beziehungsaspekte der Kommunikation*
   Bei Ihren sprachlichen Kommunikationen tauschen Sie mit anderen Personen Nachrichten aus, die aus verbalen und nonverbalen Anteilen bestehen. Hierbei

hat jede dieser Botschaften sowohl einen Inhalts- als auch einen Beziehungsaspekt. Die Inhaltsebene meint das Gesprochene und dessen Sachinformation. Die Beziehungsebene umfasst Informationen darüber, wie der Inhalt verstanden werden soll, und drückt dabei zudem etwas über die Verbindung bzw. das Verhältnis zum Gegenüber aus. Dies findet meist über die Körpersprache statt, kann aber ebenfalls anhand von Worten geschehen.
Beispiel:
»Das haben Sie sehr gut gelöst.«

- Mit ruhiger Stimme, ausgeglichener Gestik und einem leichten Nicken gesprochen lassen die nonverbalen Signale auf ein echtes Kompliment schließen.
- Mit ironischem Unterton, ausschweifender Gestik und übertriebenem Nicken geäußert deuten die nonverbalen Signale auf ein falsches Kompliment bzw. eine Abwertung und Provokation hin.

Die Verbindung der Worte mit der Art und Weise, wie diese gesprochen bzw. nonverbal begleitet, unterstützt, relativiert etc. werden, wurde bereits mehrfach behandelt. Siehe zu den beiden kommunikativen Komponenten der gesprochenen Sprache und der Körpersprache eventuell zudem die nachfolgend dargestellten Erläuterungen zum 4. Axiom. Dort finden Sie diesbezüglich auch noch weiterführende Verweise. Siehe bei Interesse ergänzend zu den Thematiken Inhalt und Beziehung das Eisbergmodell (Kap. 8.3) und das Kommunikationsquadrat (Kap. 8.4).

3. *Die Interpunktion von Ereignisfolgen*
Sie interpretieren, wie jede andere Person, die an einer Interaktion beteiligt ist, den Kommunikationsprozess in subjektiver Art und Weise. Dabei gibt es in der Vorstellung von Menschen meist einen erkennbaren Anfang für die Abfolge von Ereignissen. Zudem reagiert für gewöhnlich jeder Interaktionspartner aus seiner Sicht lediglich auf die Kommunikation bzw. die Handlungen der anderen.
Einfache Beispiele:
   - A ist zu B sehr hilfsbereit, weil dieser ihm oftmals Unterstützung anbietet und B bietet A oftmals Unterstützung an, da dieser zu ihm sehr hilfsbereit ist usw.
   - A meidet B häufig, weil dieser ihm gegenüber verschlossen auftritt und B tritt A gegenüber verschlossen auf, da dieser ihn häufig meidet usw.
   - A verhält sich betont defensiv, weil B aggressiv wird und B wird aggressiv, weil A sich betont defensiv verhält usw.

Bei genauerer Betrachtung lässt sich allerdings in der Regel kein exakter Anfangspunkt benennen. Der Grund dafür ist, dass meist bereits vorher Kommunikation stattfand, die direkt oder indirekt zu diesem scheinbaren Beginn geführt hat. Darüber hinaus ist Ihr eigenes kommunikatives Handeln nicht nur eine Reaktion auf das Verhalten von Menschen, sondern zugleich auch eine Ursache für deren nachfolgendes Benehmen. Meist bedingt in der Kommunikation also das eine das andere, wobei der Anfang nicht mehr festzustellen ist.

Sich dieser Zusammenhänge bewusst zu sein, hilft Ihnen insbesondere in schwierigen Situationen, besonnener und zielführender zu agieren und zu reagieren. Siehe hierzu eventuell als Ergänzung die Erläuterungen zum Teufelskreismodell (Kap. 8.2).

4. *Digitale und analoge Kommunikation*
   Wenn Sie sprechen, vermitteln Sie Ihre Informationen zum einen anhand Ihrer Worte sowie zum anderen durch Ihre Körpersprache. Im übertragenen Sinn ist das, was Sie aussprechen, sozusagen digital, während sich Ihre nonverbalen Signale als analog betrachten lassen. Dabei können Sie mit Ihrer gesprochenen Sprache Inhalte exakter ausdrücken und vermitteln als mit Ihrer Körpersprache. Letztere wirkt dagegen stark auf der Beziehungsebene.
   Beispiel:
   Wenn Sie einem Interaktionspartner eine positive Rückmeldung bezüglich einer von ihm erbrachten Leistung geben wollen, lässt sich das nonverbal z. B. durch einen Daumen nach oben und ein damit verbundenes Kopfnicken ausdrücken. Allerdings bleibt Ihre Nachricht, auch wenn Ihr Gegenüber diese wahrscheinlich als Lob interpretiert, verhältnismäßig unpräzise. Sagen Sie ihm jedoch im Detail, was er in Ihren Augen warum gut gemeistert hat, wird er wesentlich genauer wissen, was Sie meinen.

Das alles gilt natürlich nur, wenn Sie und Ihr Gegenüber die betreffende Sprache mit ihren Begriffen und Besonderheiten beherrschen und dementsprechend in der Lage sind, sich damit auszutauschen. Siehe dazu eventuell weiterführend die Darstellungen zum Begriffsverständnis (Kap. 8.7).

In diesem 4. Axiom wird auf die jeweiligen Möglichkeiten und Beschränkungen von Gesprochenem und Nonverbalem eingegangen. Das lässt Sie Ihre Kommunikation bewusster gestalten. Siehe zum Zusammenwirken dieser beiden Komponenten bei Interesse insbesondere die Ausführungen zum zuvor behandelten

2. Axiom sowie zu den inneren Anteilen (Kap. 5.1), den Transaktionen (Kap. 5.3), den inneren Antreibern (Kap. 5.4) und zur Körpersprache (Kap. 6).

5. *Symmetrische und komplementäre Interaktionen*
Bei Ihren Interaktionen mit anderen Menschen spielen ebenso Themen wie Status, Hierarchie und Macht etc. eine Rolle. Deshalb sind das jeweilige Verhältnis sowie der kommunikative Austausch entweder symmetrisch oder komplementär geprägt.

Bei einer symmetrischen Kommunikation sind Sie und Ihr Gegenüber (nahezu) gleichgestellt und haben dieselben Möglichkeiten zu handeln. Dagegen bestehen im Falle einer komplementären Kommunikation zwischen Ihnen und Ihrem Interaktionspartner sich ergänzende Rangunterschiede. Dadurch sind auch die Handlungsmöglichkeiten verschieden.
Beispiele:
- *Symmetrische Beziehungen*
Z. B.: unter jeweils gleichberechtigten Mitarbeitern, Teammitgliedern sowie Geschäftspartnern
- *Komplementäre Beziehungen*
Z. B.: Führungskraft und Mitarbeiter, Werkschutzmitarbeiter und Besucher sowie Prüfer und Prüfling

Sie können zielführender auftreten und kommunizieren, indem Sie sich die Ihnen in einer Interaktion zuteilwerdenden Handlungsmöglichkeiten vergegenwärtigen und diese in Ihrem Sinne gestalten:

Beispielsweise ist es für Sie in symmetrischen Kontexten häufig ratsam, die Augenhöhe beizubehalten, um so die Mitteilungsmotivation, Offenheit und Kooperation etc. des bzw. der Beteiligten zu fördern. Andererseits können Sie hier auch versuchen, die Führung zu übernehmen, wenn das Ihrer Zielsetzung dient. Allerdings verändert sich dadurch das Wesen der Beziehung und der Kommunikation.

Mit Blick auf komplementäre Verhältnisse haben Sie z. B. die Möglichkeit, Ihre gegebenenfalls ranghöhere Position zu nutzen, um die Kommunikation zu bestimmen. Oder Sie verzichten bewusst darauf zu lenken, wenn dies Ihrem Ziel dient.
Sie können sich hier ebenso kommunikativ gegen eine hierarchisch über Ihnen stehende Person stellen, sollten dabei jedoch zuvor die möglichen Folgen überdenken.

Siehe eventuell als Ergänzung zur Thematik der symmetrischen und komplementären Interaktionen die Ausführungen zum Statusverhalten im Rahmen der ergänzenden Aspekte (Kap. 6.5) der Körpersprache.

8.10 Monolog und Dialog – verschieden und verbunden

Bei einem Monolog bzw. einer Rede sprechen Sie *zu* und bei einem Dialog bzw. einem Gespräch *mit* Menschen. Insofern handelt es sich um zwei sehr unterschiedliche Herangehensweisen. Allerdings liegen bei beiden elementare Ziele darin, im Hinblick auf ein Thema zu informieren, zu überzeugen und zu motivieren. Darüber hinaus kann es ebenfalls ein Ziel sein, zu unterhalten.

Reden und Präsentationen folgen meist einem vom Redner vorbereiteten Ablauf, der aufgrund der monologischen Darbringungsweise im Allgemeinen relativ gut umgesetzt werden kann. Bei einem Gespräch kommunizieren jedoch mindestens zwei Personen miteinander. Diese bringen, neben ihren individuellen Interessen, jeweils auch ihre Wünsche und Pläne bezüglich des Gesprächsablaufs ein. Darum ist es hier für jeden der Interaktionspartner schwerer, seine eigenen Vorstellungen umzusetzen.

Trotz der grundlegenden Unterschiede von Monolog und Dialog kommt es in der Praxis zu Überschneidungen: So kann z. B. eine Präsentation durch das Beantworten einer Zwischenfrage oder einen kurzen Gedankenaustausch unterbrochen und anschließend fortgesetzt werden. Zudem lassen sich längere Ausführungen eines Gesprächspartners ebenso als Monolog bzw. als kurze Rede innerhalb eines Dialogs auffassen.

Praktische Ableitungen für Sie:

Wenn Sie eine Rede oder ein Gespräch vorbereiten und umsetzen, erscheint es für Sie sinnvoll, sich die Möglichkeiten und die Einschränkungen der jeweiligen Kommunikationsform bewusst zu machen und diese Gegebenheiten bestmöglich für sich zu nutzen:

So können Sie bei einer Rede oder einer Präsentation Ihren geplanten Ablauf in der Regel weitgehend ohne Störungen realisieren. Dies lässt Sie Inhalte wie Argumente, Beispiele, Anekdoten und Zahlendarstellungen etc. im Hinblick auf den Zuhörerkreis überzeugend strukturieren und ausführen. Jedoch können Sie sich hier nicht mit jedem einzelnen Zuhörer austauschen, um diesen individuell für sich zu gewinnen bzw. Ihre Zielsetzung zu erreichen.

Dagegen haben Sie bei einem Gespräch die Möglichkeit, spontan auf Ihr Gegenüber zu reagieren sowie Ihre Argumente, Beispiele usw. bei dieser Person zielgerichteter anzubringen. Da Ihr Interaktionspartner das seinerseits meist ebenfalls machen wird, ist hier der von Ihnen angestrebte Ablauf des Dialogs gefährdet. Dabei kann es passieren, dass Sie aufgrund von Einwänden, Fragen, Gegenargumenten, Zwischenbemerkungen, Störungen etc. Ihre Gesprächsstruktur verlassen und nicht mehr zurückfinden. Versuchen Sie, dem entgegenzuwirken, indem Sie immer wieder zu Ihrer angedachten Vorgehensweise um- und hinleiten, um das Gespräch möglichst in Ihrem Sinne zu gestalten.

Sollten Sie entweder die Rede bzw. Präsentation oder das Gespräch bevorzugen, lohnt es sich, zu überdenken, ob und wie sich Ihre Zielsetzung auf diesem Wege erreichen lässt. Zudem können Sie, wenn in dem betreffenden situativen Rahmen möglich und sinnvoll, bei einer Rede oder einer Präsentation auch dialogische Elemente einfügen, indem Sie beispielsweise mit einzelnen Personen aus dem Zuhörerkreis sprechen. Überdies lassen sich kurze Monologe innerhalb von Gesprächen in der Art von Kurzreden strukturieren, um so die Wirkung zu erhöhen.

Der bewusste Einsatz von Monologen und Dialogen hat einen positiven Einfluss auf Ihr Auftreten und Ihre Kommunikationen.

8.11 Kommunikationspartner – unterschiedliches Verhalten

Hier finden Sie verschiedenartiges Verhalten von Kommunikationspartnern dargestellt. Zudem werden Ihnen beispielhafte Handlungsmöglichkeiten geboten, um diesbezüglich souverän zu agieren und zu reagieren:

Menschen zeigen beim Interagieren mit anderen Personen unterschiedliche kommunikative Verhaltensweisen. Wie jemand auftritt, kann z. B. auf seine Persönlichkeit, seine Einschätzung der Kommunikationssituation und/oder seine Zielsetzung zurückzuführen sein.

Diese dreizehn kommunikativen Verhaltensweisen treten mehr oder weniger häufig auf – angelehnt an Axel Bänsch (2013):

Kommunikationspartner
1. **redet sehr viel** bzw. **schweift ab**
2. **redet sehr wenig** bzw. **schweigt**
3. wirkt **höflich, freundlich und kooperativ**
4. wirkt **unhöflich**
5. wirkt **distanziert**
6. wirkt **ängstlich**
7. wirkt **misstrauisch**
8. wirkt **unentschlossen**
9. wirkt **ausweichend**
10. wirkt **nervös**
11. wirkt **rechthaberisch**
12. wirkt **aggressiv**
13. wirkt **anklagend**

Praktische Ableitungen für Sie:

Die folgenden Ausführungen dienen Ihnen zur situativen Orientierung. Sie helfen, hinsichtlich unterschiedlicher kommunikativer Verhaltensweisen, die Ihnen entgegengebracht werden, bewusster agieren und reagieren zu können. Ausgehend von diesen Überlegungen haben Sie dann die Möglichkeit, Ihr eigenes Vorgehen an die gegebene Situation und Ihr angestrebtes Ziel anzupassen.

Dabei lässt sich allen dargestellten kommunikativen Verhaltensweisen auf diese beiden grundlegenden Arten begegnen. Deshalb werden diese nachfolgend nicht stets erneut angeführt:

- Dulden Sie das Benehmen Ihres Interaktionspartners, um ihm entgegenzukommen.
- Geben Sie Ihrem Gegenüber eine Rückmeldung zu dessen Verhalten, um dieses zu unterstützen oder diesem gegenzusteuern.

Vor diesem Hintergrund finden Sie nun weiterführende Erläuterungen, die darauf ausgerichtet sind, Aspekte zu verstärken, die in den meisten Fällen als gewünscht angesehen werden und dementsprechend Unerwünschtem entgegenzuwirken.

Sollten Sie jedoch aus strategischen oder taktischen Gründen bestimmte negative Verhaltensweisen fördern wollen, wäre das Teil Ihres individuell angepassten Vorgehens:

1. *Kommunikationspartner* ***redet sehr viel*** *bzw.* ***schweift ab***
   Hören Sie ihm zu und steigen Sie bei einer sich bietenden günstigen Gelegenheit ein. Das lässt sich für Sie z. B. häufig gut mittels einer Frage, einer Ergänzung oder einem Widerspruch umsetzen. Darüber hinaus können Sie auch versuchen, ihn mit geeigneten (geschlossenen) Fragen zu kurzen Antworten zu bewegen und/oder um kurze und prägnante Ausführungen zu bitten.

2. *Kommunikationspartner* ***redet sehr wenig*** *bzw.* ***schweigt***
   Bringen Sie dienliche (offene) Fragen, die Ihrem Gegenüber helfen, sich zu öffnen und ausgiebiger zu antworten. Gewähren Sie ihm daraufhin Zeit und lassen Sie ihn gegebenenfalls ausreden. Zudem haben Sie die Möglichkeit, um ausführlichere Darstellungen zu bitten.

3. *Kommunikationspartner wirkt* ***höflich, freundlich und kooperativ***
   Erwidern Sie dieses Verhalten: Finden bzw. erarbeiten Sie die Ziele sowie Vorgehensweisen und Ergebnisse des Gesprächs, soweit machbar und sinnvoll, gemeinsam.

4. *Kommunikationspartner wirkt* ***unhöflich***
   Nehmen Sie dieses Betragen möglichst nicht persönlich und lassen Sie sich nicht provozieren. Versuchen Sie, eine konstruktive Kommunikation durch Höflichkeit, geeignete Fragen und Versachlichung zu fördern. In manchen Fällen ist es für Sie ebenso sinnvoll, Ihr Gegenüber eine Zeit lang gewähren zu lassen und ihm somit Gelegenheit zu geben, sich abzureagieren bzw. zur Ruhe zu kommen. Wenn es Ihnen zu viel wird, können Sie auch um einen respektvolleren Umgang bitten oder diesen einfordern.

5. *Kommunikationspartner wirkt* ***distanziert***
   Respektieren Sie den von ihm gewünschten Abstand und halten Sie gegebenenfalls erweiterte Distanzzonen ein. Siehe dazu bei Interesse die Erläuterungen zum Distanzverhalten innerhalb der Darstellungen zum räumlichen Verhalten (Kap. 6.2), die Ausführungen zu Nähe und Distanz im Rahmen der ergänzenden Aspekte (Kap. 6.5) der Körpersprache sowie weiterführend das Riemann-Thomann-Modell (Kap. 8.12).

Kommunizieren Sie darüber hinaus vorwiegend sachlich, um die Distanz und die Eigenständigkeit zu wahren. Versuchen Sie, wenn nötig, auch sehr abstrakte Äußerungen Ihres Gegenübers durch gezielte Fragen besser nachvollziehen zu können.

6. *Kommunikationspartner wirkt* ***ängstlich***
   Fördern Sie eine positive Atmosphäre, indem Sie z. B. Zeitdruck bzw. Hektik vermeiden. Geben Sie zudem transparente Erklärungen, um dadurch ein Sicherheitsgefühl zu vermitteln.

7. *Kommunikationspartner wirkt* ***misstrauisch***
   Bemühen Sie sich um detaillierte sowie exakte Ausführungen und antworten Sie ebenfalls in dieser Weise auf etwaige Nachfragen. Führen Sie Ihrerseits mittels geeigneter Fragen bedacht durch das Gespräch. Lassen Sie längeren Monologen Ihres Gegenübers besonders dann Raum, wenn dieser dazu neigt, sich dabei selbst Sicherheit zu geben bzw. selbst zu überzeugen.

8. *Kommunikationspartner wirkt* ***unentschlossen***
   Klären Sie eventuell bestehende Unsicherheiten ab und geben Sie diesbezüglich nachvollziehbare Erläuterungen. Des Weiteren können Sie auch Lösungs-, Entscheidungs- und Handlungsvorschläge etc. einbringen sowie Lob und Mut zusprechen.

9. *Kommunikationspartner wirkt* ***ausweichend***
   Führen Sie durch gezielte Fragen zur Kernthematik zurück. Gehen Sie auf permanente Gegenfragen und anderweitige Ausweichmanöver nicht ein und bitten Sie um prägnante Ausführungen zum Thema.

10. *Kommunikationspartner wirkt* ***nervös***
    Handeln Sie in angemessen ruhiger Art und Weise. Verzichten Sie jedoch auf demonstrative Gelassenheit, da diese die Gefahr birgt, die Anspannung bzw. die Nervosität Ihres Gegenübers weiter zu steigern. Berücksichtigen Sie gegebenenfalls den vorhandenen Zeitdruck Ihres Interaktionspartners und gestalten Sie Ihre Erläuterungen kurz und klar.

11. *Kommunikationspartner wirkt* ***rechthaberisch***
    Gehen Sie auf sein Geltungsbedürfnis ein und würdigen Sie sein Wissen, indem Sie ihm z. B. dahingehend Lob und Anerkennung entgegenbringen. Verzichten

Sie wenn möglich auf Belehrungen und lassen Sie ihn insbesondere dann reden, wenn er dazu tendiert, bei aller Rechthaberei im Grunde genommen für Ihre Sache zu sprechen.

12. *Kommunikationspartner wirkt **aggressiv***
    Versuchen Sie, dieses Verhalten weder persönlich zu nehmen noch sich provozieren zu lassen. Hinterfragen Sie Killerphrasen und Totschlagargumente etc. detailliert, um zu einem sachlicheren Austausch zu gelangen. Dabei lässt sich das eigentliche Thema als rationaler Haltepunkt nutzen. Wenn Sie ihm eine Gelegenheit bieten wollen, sich zu beruhigen, können Sie sein Benehmen auch einige Zeit dulden. Darüber hinaus haben Sie die Möglichkeit, um einen konstruktiveren Umgang zu bitten oder diesen einzufordern, falls Ihnen die Aggressivität zu unangenehm wird.

13. *Kommunikationspartner wirkt **anklagend***
    Verdeutlichen Sie gegebenenfalls die strikte Trennung von Sache und Person sowie von Vergangenem und Gegenwärtigem. Zudem können Sie gezielte Fragen einbringen, um ihn möglichst zur Kernthematik zurückzuführen.

Der bewusste Umgang mit den Ihnen entgegengebrachten kommunikativen Verhaltensweisen trägt für Sie in erheblichem Maße dazu bei, zielorientiert und erfolgreich aufzutreten und zu kommunizieren.

Darüber hinaus haben Sie auch die Möglichkeit zu reflektieren, wie Sie anderen Menschen diesbezüglich gegenübertreten. Das beinhaltet beispielsweise zu überdenken, welche kommunikativen Verhaltensweisen Sie überwiegend oder im Zusammenhang mit bestimmten Personen, Themen, Situationen, Zielen usw. einsetzen, warum Sie das so machen und was Ihnen das für Vor- und Nachteile einbringt. Dies können Sie für sich allein, im Gespräch mit anderen und/oder begleitet von Fachleuten umsetzen. Auf der dadurch geschaffenen Basis lassen sich dann geeignete Schritte für Ihre dahingehende Weiterentwicklung festlegen.

8.12 Riemann-Thomann-Modell – vier Grundstrebungen der Persönlichkeit

Der nachstehend dargestellte Ansatz bietet Ihnen Orientierung, um Ihre Interaktionspartner sowie auch sich selbst besser einschätzen zu können. Das lässt Sie bewusster und überzeugender kommunizieren:

Bereits in der Antike gab es und bis heute gibt es Bestrebungen, sogenannte Persönlichkeits- und Verhaltenstypisierungen vorzunehmen. Diese teilen Menschen jeweils in überschaubarer Weise in bestimmte Kategorien bzw. Typen ein und bieten so einen einfacheren Zugang zu Thematiken wie Persönlichkeit, Charakter und Verhalten etc. Obwohl die Verwendung derartiger Modelle in der Wissenschaft umstritten ist, finden sie sich im Alltags- und im Berufsleben häufig wieder.

Vor diesem Hintergrund stellt das hier behandelte Riemann-Thomann-Modell weniger eine strenge Typisierung dar. Vielmehr zeigt es Charakteristika für vier Grundstrebungen der Persönlichkeit auf, wobei deren Übergänge fließend sind. Dazu bezieht es sich auf die grundlegenden Ausrichtungen von Raum und Zeit.

Die vier Grundstrebungen:

1.1 Nähe
1.2 Distanz

2.1 Dauer
2.2 Wechsel

Der Ansatz wurde von Christoph Thomann in Anlehnung an Fritz Riemann (1961) entwickelt. Die vier Grundstrebungen der Persönlichkeit sind nachfolgend, sehr stark angelehnt an Christoph Thomann und Friedemann Schulz von Thun (2019, S. 176 f.), mit veranschaulichenden Beschreibungen bzw. Beispielen ergänzt, dargestellt:

1.1 *Nähe*
Z. B.: Wunsch nach vertrautem Nahkontakt; Sehnsucht nach Liebe und zu lieben; meist Bindungsstreben; Bedürfnis nach Zwischenmenschlichem, sozialen Interessen, Geborgenheit, Zärtlichkeit, Bestätigung, Harmonie, Mitgefühl und Mitleid; Selbstaufgabe

1.2 *Distanz*
Z. B.: Wunsch nach Abgrenzung; eigenständiges und unverwechselbares Individuum sein; Betonung auf Einmaligkeit, Freiheit und Unabhängigkeit; Streben nach klarer intellektueller Erkenntnis

2.1 *Dauer*
Z. B.: Wunsch nach Dauer, Verlässlichkeit und Ordnung; Grundtendenzen sind Planung, Vorsicht, Voraussicht, Ziel, Gesetz, Theorie, System, Macht, Wille und Kontrolle; Anstreben des den Moment Überdauernden; Sicherheit durch Langfristigkeit; zwischenmenschlich gelten Verantwortung, Pflicht, Pünktlichkeit, Sparsamkeit, Achtung und Treue

2.2 *Wechsel*
Z. B.: Wunsch nach Neuem; Reiz durch Unbekanntes, Wagnisse und Abenteuer; Rahmen sprengen und Augenblick erleben; Bedürfnis nach Abwechslung, Spontaneität, Leidenschaft, Höhepunkten, Ekstase, Charme, Suggestion, Temperament, Genuss, Fantasie, Verspieltheit, Begehren und Begehrtwerden

Obwohl es sich um vier unterschiedliche Grundstrebungen handelt, tragen die meisten Menschen diese alle in jeweils individueller Gewichtung in sich. Dabei kann eine Grundstrebung wegen ihrer sehr starken Ausprägung charakteristisch für eine Person sein bzw. erscheinen. Allerdings unterscheidet sich das auch teilweise über verschiedene Lebensbereiche sowie Interaktionssituationen, -themen und -partner hinweg: So ist es grob betrachtet beispielsweise nicht ungewöhnlich, dass sich ein Mensch beruflich eher nach den Grundstrebungen Distanz und/oder Dauer verhält, während er privat zu Nähe und/oder Wechsel tendiert. Neben diesem einfachen Beispiel sind hier zudem viele weitere, komplexere sowie mehr Lebensbereiche, Situationen, Themen und Partner umfassende Varianten bzw. Gefüge denkbar.

Praktische Ableitungen für Sie:

Dieser klar strukturierte Ansatz lässt sich in zweifacher Weise pragmatisch für Sie nutzen:

Zum einen haben Sie die Möglichkeit, das Verhalten Ihrer Interaktionspartner nach dem Modell einzuordnen und Ihr eigenes Auftreten und Kommunizieren dahingehend abzustimmen.
Dabei können Sie sich an die jeweils vorherrschende Grundstrebung Ihres Gegenübers anpassen. Dadurch pflegen Sie beispielsweise die Beziehungsebene, fördern das zwischenmenschliche Vertrauen, betreiben Konfliktprävention und unterstützen insgesamt ein harmonischeres Miteinander. Dazu ist es ratsam, Ihr Gesprochenes und Ihre Körpersprache auf die Charakteristika, Wünsche, Bedürfnisse, Ziele etc. dieser jeweiligen Grundstrebung auszurichten. So gehen Sie individueller auf Ihren Interaktionspartner ein. Damit schaffen Sie ein gemeinsames Fundament für die weitere Kommunikation, wodurch Sie Ihre eigene Zielsetzung mit höherer Wahrscheinlichkeit erreichen. Darauf aufbauend können Sie dann bewusster und überzeugender motivieren, verkaufen, Konflikte lösen, verhandeln, führen usw. Darüber hinaus hilft Ihnen das auch in interkulturellen Kontexten dabei, erfolgreicher zu interagieren. Wenn Sie Ihr Gegenüber schon kennen, erscheint es für Sie sinnvoll, diese Zusammenhänge bereits im Rahmen Ihrer Vorbereitung auf eine bevorstehende Kommunikation zu berücksichtigen.
Im Gegensatz dazu haben Sie ebenso die Möglichkeit, dem Verhalten bzw. der Grundstrebung Ihres Kommunikationspartners entgegenzuwirken, um ihm Einhalt zu gebieten und sich konfrontativ mit ihm auseinander- oder gegen ihn durchzusetzen. Das belastet die Beziehung, gefährdet das Ihnen entgegengebrachte Vertrauen und steigert das Konfliktpotenzial etc. Bewusst eingesetzt kann jedoch auch dies eine zielführende Strategie oder/und Taktik Ihrer Kommunikation sein.

Siehe als Ergänzung zu diesen Ausführungen eventuell die Erläuterungen zur Beziehungsebene bzw. zum Eisbergmodell (Kap. 8.3), zum zwischenmenschlichen Vertrauen (Kap. 4.2), zur Körpersprache (Kap. 6), dabei insbesondere zum Distanzverhalten und zu Nähe und Distanz, zum Kommunikationspartner (Kap. 8.11) sowie zu den beruflichen Bereichen (Kap. 9).

Im Hinblick darauf, das Verhalten Ihrer Interaktionspartner nach dem Riemann-Thomann-Modell einzuordnen sowie Ihre eigenen Aktionen und Reaktionen danach auszurichten, seien noch diese Aspekte angemerkt:

- Beziehen Sie in die Einschätzung Ihres Gegenübers immer die situativen Gegebenheiten mit ein, nehmen Sie von vorschnellen Wertungen Abstand und bedenken Sie stets eventuelle Fehlinterpretationen Ihrerseits.
- Wenn Sie merken, dass Sie mit der Art eines Menschen nicht zurechtkommen, bietet Ihnen das immer eine Gelegenheit, sich selbst weiterzuentwickeln: So haben Sie hier die Möglichkeit zu bedenken, was Sie an der charakteristischen Grundstrebung oder dem individuellen Gefüge der Grundstrebungen dieser Person stört, warum das so ist und wie Sie sich trotzdem annähern können. Die gewonnenen Erkenntnisse versuchen Sie dann gegebenenfalls auch in der Praxis zu berücksichtigen.
- Darüber hinaus sollten Sie in umgekehrter Weise bedenken, dass Ihre Persönlichkeit, Ihr Auftreten und Ihr Kommunikationsverhalten bei anderen Menschen ebenso Akzeptanz oder Ablehnung hervorrufen bzw. dies häufig auf Gegenseitigkeit beruht.

Zum anderen können Sie den Ansatz auch auf sich selbst anwenden: So haben Sie die Möglichkeit, für sich allein, mit weiteren Personen und/oder mit professioneller Begleitung zu reflektieren, wie und warum Sie sich allgemein, in spezifischen Situationen oder gegenüber bestimmten Menschen gemäß einer der vier Grundstrebungen verhalten. Darauf aufbauend können Sie dann überdenken, was Ihnen das für Vor- und Nachteile bringt, wie Sie sich diesbezüglich weiterentwickeln möchten etc.

Sollten Sie das Riemann-Thomann-Modell in der hier beschriebenen Weise für sich nutzen, lässt Sie das bewusster und zielorientierter interagieren.

Abschließend sei mit Blick auf die nachstehenden Ausführungen zur Thematik Individuum und Gruppe noch Folgendes erwähnt: Für Arbeitsgruppen bzw. -teams ist es häufig von Vorteil, wenn Menschen mit unterschiedlichen charakteristischen Grundstrebungen zusammenarbeiten und sich dadurch gegenseitig ergänzen. Das ist der Fall, da so eine größere Bandbreite an Denk- und Herangehensweisen vorhanden ist, was wiederum die Kreativität und die Vielseitigkeit fördert sowie das Handlungsspektrum erweitert.

8.13 Individuum und Gruppe – Rang und Dynamik

Diese Erläuterungen zeigen Ihnen auf, warum es für Sie erfolgssteigernd ist, bei Ihren Interaktionen die gruppeninternen Rangpositionen Ihrer Gesprächspartner sowie den Faktor der Gruppendynamik zu berücksichtigen. Die Beschäftigung mit diesen Thematiken ermöglicht Ihnen ein überzeugenderes Kommunizieren:

Wo Menschen miteinander interagieren, spielt auch deren jeweilige Eingebundenheit in Systeme aus mehreren anderen Personen eine bedeutende Rolle: Im beruflichen Bereich sind das Verbünde, wie beispielsweise soziale Gruppen, Teams, Abteilungen oder Unternehmen. Dabei beeinflussen die in diesen Verbindungen je vorhandenen Bedingungen bzw. Werte, Normen, Konflikte, Erwartungen, Zielsetzungen und Unterstützungsleistungen etc. das Verhalten der Beteiligten.

Die Gruppendynamik wirkt sich meist nochmals in verstärktem Maße für Sie aus, wenn weitere Personen aus den betreffenden Systemen bei einer Kommunikation anwesend sind. Hierbei bieten Ihnen die nun dargestellten Rangpositionen eine gute Orientierungsmöglichkeit, um einen Zugang zu finden und Ihre Vorgehensweise abzustimmen.

Grundlegend lassen sich diese vier gruppeninternen Rangpositionen mit beispielhaften Rollen und Handlungsweisen unterscheiden – stark angelehnt an Falko von Ameln und Josef Kramer (2014) sowie an Jürgen Wiegand (2005), mit Bezug auf Raoul Schindler (1973, 1971):

1. Alpha – *z. B.: Anführer, Leiter, Sprecher*
   Hält die Gruppe zusammen, koordiniert gemeinsame Ziele, repräsentiert nach außen.

2. Beta – *z. B.: Berater, Experte, Kritiker, Vermittler*
   Arbeitet dem Alpha (und evtl. auch der Gruppe) zu.

3. Gamma – *z. B.: Mitglied, Mitarbeiter, Mitläufer, Helfer, Normenhüter, Nutznießer*
   Nimmt teil bzw. arbeitet mit und orientiert sich am Alpha. (Der Großteil der Gruppe besteht aus Gamma-Positionen.)

4. Omega – *z. B.: Außenseiter, Sündenbock, Gegner (der Aktion)*
   Mahnt, zaudert, ist dagegen, protestiert, provoziert, greift an, „kaspert“ etc.

Dabei identifizieren sich die Gamma-Positionen mit der Alpha-Position. Die Omega-Position identifiziert sich jedoch mit dem Gegner. Deshalb stellen sich die Gamma-Positionen gegen die Omega-Position. Die Art und Weise, wie hierbei vorgegangen wird, deckt sich mit dem Wunsch bzw. der Erwartung der Gamma-Positionen, wie sich die Alpha-Position gegenüber dem Gegner verhalten soll. Die Beta-Position bleibt hiervon weitgehend ausgenommen.

Es sei noch angemerkt, dass die den vier gruppeninternen Rangpositionen hier jeweils zugeordneten Rollenbezeichnungen der Veranschaulichung dienen und in dieser Art sehr häufig zutreffend sind. Jedoch kann es dahingehend zu Abweichungen kommen, da es sich bei Rang und Rolle genau genommen um zwei unterschiedliche Aspekte handelt.

Praktische Ableitungen für Sie:

Insbesondere vor und während einer Interaktion ist es für Sie von Vorteil, sich auch auf die (vermutete) Rangposition Ihres Kommunikationspartners einzustellen. Das beinhaltet beispielsweise, sich darüber Gedanken zu machen, welche Rolle er bezüglich dieser Interaktion bzw. dieses Themas in seiner Gruppe einnimmt und welche Position bzw. welchen Rang er hier innehat. Bedenken Sie dabei ebenfalls, was für

Werte, Erwartungen, Zielsetzungen usw. damit für ihn verbunden sein könnten und wie sich das vielleicht auf sein Verhalten Ihnen gegenüber auswirkt.

Auf dieser Grundlage haben Sie die Möglichkeit, sich dahingehend vorzubereiten und zielorientierter zu kommunizieren. So können Sie beispielsweise noch treffender argumentieren und passendere Nutzen verdeutlichen. Beachten Sie darüber hinaus, dass Ihre Aussagen, Erläuterungen und Wertungen etc. wahrscheinlich formell oder informell weitergegeben werden und somit in der betreffenden Gruppe bzw. dem System wirken. Das beeinflusst wiederum eventuelle Folgekontakte.

Wenn Sie mit mehreren Personen, einer Gruppe oder/und einigen Mitgliedern eines Systems interagieren, verfahren Sie, wenn machbar, genauso: Bedenken Sie also hier ebenfalls für jede Einzelperson deren Rolle und Rangposition und stimmen Sie Ihre Kommunikation in dieser Hinsicht ab. Achten Sie z. B. bei Ihren Beratungs-, Verkaufs- und Verhandlungskommunikationen darauf, nicht nur mit der (vermutlichen) Alpha-Position zu sprechen, sondern alle einzubeziehen und zu überzeugen. Das ist wichtig, da sich die Gruppenmitglieder wahrscheinlich untereinander austauschen und auf den Entscheider einwirken werden.

Das Berücksichtigen der gruppeninternen Rangpositionen Ihrer Interaktionspartner hilft Ihnen, noch zielgerichteter zu kommunizieren und überzeugender zu wirken.

Des Weiteren können Sie auch für sich allein oder zusammen mit Personen Ihres Vertrauens oder/und Fachleuten überdenken, welche Rangposition Sie jeweils in unterschiedlichen Gruppen einnehmen, warum das so ist und wie Sie dadurch beeinflusst, unterstützt, eingeengt etc. werden. So haben Sie daraufhin die Möglichkeit, gegebenenfalls Veränderungs- bzw. Entwicklungsansätze für sich abzuleiten.

Siehe bei Interesse weiterführend zu den hier getätigten Darstellungen die Erläuterungen zum Thema Rollenverhalten im Rahmen der ergänzenden Aspekte (Kap. 6.5) der Körpersprache.

8.14 Redepyramide – vieles wirkt zusammen

Dieses Modell nach Marita Pabst-Weinschenk hat die Form einer aufgeklappten dreiseitigen Pyramide. Es veranschaulicht Ihnen verschiedene Aspekte, die bei Ihrem Auftreten und Kommunizieren zusammenwirken:

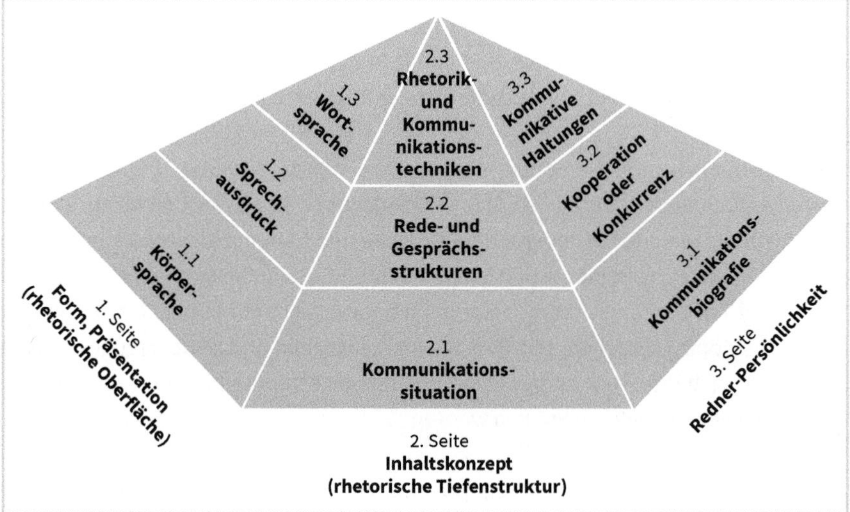

Erläuterungen zur Redepyramide. Dabei sind die Ausführungen wie auch die Darstellung des Modells an sich sehr stark an Marita Pabst-Weinschenk (2014, 2011b, 2009) angelehnt:

Mit seinen drei Seiten, die von Abhängigkeiten untereinander geprägt sind, folgt der Ansatz einer umfangreichen Betrachtungsweise. Danach wird, vereinfacht dargestellt, bei Reden und Gesprächen die Form der Präsentation (1. Seite) wahrgenommen sowie versucht, den Inhalt und dessen Konzept (2. Seite) zu verstehen. Zudem erfolgen Rückschlüsse auf den Sprecher und dessen Persönlichkeit (3. Seite):

1. *Seite – Form, Präsentation (rhetorische Oberfläche)*
   Hierbei werden das Verständnis und die Glaubwürdigkeit der Wortsprache maßgeblich durch die Körpersprache und den Sprechausdruck bewirkt.
   1.1 *Körpersprache*
   Mimik, Blickkontakt, Gestik, Körperhaltung, Atmung etc.

1.2 *Sprechausdruck*
Aussprache, Deutlichkeit, Lautstärke, Betonung, Tempo, Pausen, Fülllaute, Melodie, Klangfarbe der Stimme etc.
1.3 *Wortsprache*
Wortwahl und Satzbau

2. *Seite – Inhaltskonzept (rhetorische Tiefenstruktur)*
Diese 2. Seite bzw. das Inhaltskonzept und die 1. Seite bzw. die Form der Präsentation beeinflussen sich gegenseitig.
2.1 *Kommunikationssituation*
Wer? Mit wem? Was? Wie? Worüber? Wann? Wo? Warum? Wozu? Mit welchen (jeweiligen bzw. gegenseitigen) Hauptzielen, Wirkungen, Situations- und Beziehungseinschätzungen? Etc.
2.2 *Rede- und Gesprächsstrukturen*
Rede oder Gespräch? Formen und Phasenstrukturen
2.3 *Rhetorik- und Kommunikationstechniken*
Fragen, Zuhören, Argumentieren, Einwandbehandlung, Nutzendarstellung etc.

3. *Seite – Redner-Persönlichkeit*
Durch die 1. Seite bzw. die Form der Präsentation und die 2. Seite bzw. das Inhaltskonzept wirkt die 3. Seite bzw. die Persönlichkeit des Sprechers nach außen. Dabei ziehen die Gegenüber auch dahingehende Rückschlüsse.
3.1 *Kommunikationsbiografie*
Prägnante Erfahrungen
3.2 *Kooperation oder Konkurrenz*
Selbstsicherheit?
3.3 *Kommunikative Haltungen*
Sieg-Niederlage oder Win-win? Perspektivenübernahme oder Egozentrik? Transparenz oder Manipulation? Kontrolle oder Vertrauen? Flexibilität oder Fixierung? Etc.

Praktische Ableitungen für Sie:

Wenn Sie zu oder mit anderen Personen sprechen, wirken die in der Redepyramide enthaltenen Bestandteile zusammen. Da diese Aspekte überwiegend bereits vorhergehend behandelt wurden, erfolgen die Ausführungen hier in knapper Form. Dabei finden Sie stets Verweise zu den jeweils relevanten Thematiken, anhand derer Sie diese bei Interesse wiederholen bzw. vertiefen können:

1. *Seite – Form, Präsentation (rhetorische Oberfläche)*
   Mit Ihrer Körpersprache, Ihrem Sprechausdruck und Ihrer Wortsprache wirken Sie auf Ihre Kommunikationspartner. Dadurch übertragen Sie sowohl Ihre Inhalte als auch einen Eindruck von sich selbst. Deshalb sollten Sie diese drei Aspekte auf Ihr bzw. Ihre Gegenüber abstimmen. Somit können Sie die Wahrscheinlichkeit erhöhen, ein gewünschtes Bild von sich zu vermitteln sowie zu überzeugen. Hierbei haben Ihre Körpersprache und Ihr Sprechausdruck starken Einfluss darauf, wie Ihre Wortsprache ankommt und verstanden wird. Darüber hinaus unterstützen Sie durch Ihre nicht unterdrückte bzw. gezeigte Gestik Ihr Sprechdenken und Ihren Redefluss.

   Vertiefende und weiterführende Informationen:
   - Körpersprache (Kap. 6), dabei auch insbesondere der stimmliche Ausdruck (Kap. 6.4)
   - Sprechdenken (Kap. 8.5)
   - Begriffsverständnis (Kap. 8.7)
   - Kommunikationsprozess (Kap. 8.8)
   - 1. und 4. Axiom der Kommunikationsaxiome (Kap. 8.9)
   - Berufliche Bereiche (Kap. 9), hierbei vor allem die jeweiligen Erläuterungen zum Einfluss nonverbaler Faktoren

2. *Seite – Inhaltskonzept (rhetorische Tiefenstruktur)*
   Die Gegebenheiten der Kommunikationssituation, die eingesetzte Rede- oder Gesprächsstruktur sowie die angewandten Rhetorik- und Kommunikationstechniken wirken sich stark auf die Übermittlung Ihres Inhalts aus: So erscheint es für Sie, wenn möglich, sinnvoll, die Kommunikationssituation zu analysieren und sich daraufhin vorzubereiten. Dabei stimmen Sie Ihre Inhalte dahingehend ab und entwickeln eine für die Situation passende und zielführende Struktur bzw. eine (geplante) Vorgehensweise für Ihre Rede oder Ihr Gespräch. Innerhalb dieses Ablaufs bringen Sie dann geeignete Rhetorik- und Kommunikationstechniken zum Einsatz. Bleiben Sie zudem auch während der Interaktion aufmerksam und passen Sie sich, besonders bei Gesprächen, dem Verlauf der Kommunikation in sinnvoller Weise an. So erhöhen Sie Ihre Erfolgsaussichten noch weiter. Darüber hinaus sollten Sie die Bestandteile dieser 2. Pyramidenseite und die Form der

Präsentation (1. Seite) aufeinander abstimmen. Dies fördert das Verständnis und die positive Gesamtwirkung.

Vertiefende und weiterführende Informationen:

- Zwischenmenschliches Vertrauen (Kap. 4.2)
- Vertrauensaufbau (Kap. 4.4)
- Vertrauensverlust (Kap. 4.5)
- Inselmodell (Kap. 8.1)
- Eisbergmodell (Kap. 8.3)
- 2., 3. und 5. Axiom der Kommunikationsaxiome (Kap. 8.9)
- Monolog und Dialog (Kap. 8.10)
- Riemann-Thomann-Modell (Kap. 8.12)
- Berufliche Bereiche (Kap. 9)

3. *Seite – Redner-Persönlichkeit*
   Ihre Kommunikationsbiografie, Ihre Tendenz zu Kooperation oder Konkurrenz sowie Ihre kommunikativen Haltungen fließen in Ihr Auftreten und Ihr Kommunizieren mit ein. Dabei wird Ihre Persönlichkeit durch die Form der Präsentation (1. Seite) und das Inhaltskonzept (2. Seite) mehr oder weniger direkt erkennbar. Das können Sie nutzen, um möglichst einen Eindruck zu vermitteln, der in Ihrem Sinne ist.

   Darüber hinaus empfiehlt es sich für Sie, sich, neben den rhetorisch-kommunikativen Aspekten der anderen beiden Pyramidenstufen, auch mit Ihrer Persönlichkeit zu befassen. Damit ist gemeint, sich über sich selbst bewusster zu werden, um sich daraufhin gegebenenfalls weiterentwickeln zu können: So sind Ihre kommunikativen Haltungen zu einem großen Teil aufgrund Ihrer Kommunikationsbiografie und den damit verbundenen prägnanten Erfahrungen entstanden. Hierbei wird Selbstsicherheit als eine Bedingung für eine kooperative Grundeinstellung betrachtet.

Vertiefende und weiterführende Informationen:

- Sozialisation und Entwicklung (Kap. 2)
- Vertrauen (Kap. 4), dabei insbesondere das Selbstvertrauen (Kap. 4.1)
- Transaktionsanalyse (Kap. 5)
- Inselmodell (Kap. 8.1)
- 5. Axiom der Kommunikationsaxiome (Kap. 8.9)
- Riemann-Thomann-Modell (Kap. 8.12)
- Berufliche Bereiche (Kap. 9)

Da alle drei Seiten der Redepyramide zusammenwirken und sich gegenseitig beeinflussen, ist jede einzelne für Sie wichtig, um überzeugend aufzutreten und zu kommunizieren.

9 Berufliche Bereiche – überzeugend auftreten und kommunizieren

Nachfolgend finden Sie Erläuterungen zu den Themen Motivation, Verkauf, Konflikt, Verhandlung, Führung sowie interkulturelle Aspekte. Hierauf wird je gesondert eingegangen, da Ihnen das eine gute Grundlage für viele weitere Kontexte und Situationen bietet, in denen Sie beruflich auftreten bzw. kommunizieren. Zudem stehen diese verschiedenen Bereiche miteinander in Verbindung. Daraus ergibt sich auch die Reihenfolge ihrer Darstellung:

- Die Themen Motivation und Verkauf beinhalten beide Beweggründe, um selbst zu handeln und/oder um andere Menschen anzuregen, etwas zu tun, gut zu finden, zu erwerben etc.
- Innerhalb der Bereiche Konflikt und Verhandlung wird das Augenmerk jeweils auf (unausgesprochene) Interessen gelegt, die hinter (ausgesprochenen) Positionen stehen. Das eröffnet Lösungsansätze, bei Auseinandersetzungen und Streitigkeiten sowie unterschiedlichen Sichtweisen und Standpunkten etc.
- Das Thema Führung umfasst die zuvor behandelten Faktoren, sich und andere zu aktivieren sowie bei verschiedenen Ansichten und Herangehensweisen zu vermitteln, um gemeinsam Ziele zu erreichen.
- Schließlich geben die Erläuterungen zu den interkulturellen Aspekten grundlegende Orientierungshilfe für das Miteinander-Handeln im Zusammenwirken der Kulturen.

Die beruflichen Bereiche sind für Sie anhand von Ansätzen dargestellt, aus denen sich gut für Ihr Auftreten und Ihr Kommunizieren ableiten lässt. Dabei gehen vor allem psychologische Inhalte und kommunikative bzw. rhetorische Herangehensweisen häufig ineinander über. Zudem spielen bei der praktischen Anwendung auch nonverbale Aspekte eine gewichtige Rolle. Siehe hierzu bei Interesse weiterführend die Erläuterungen zu den drei verbundenen Seiten der Redepyramide (Kap. 8.14).

Die Bedeutung der Körpersprache wird Ihnen innerhalb jedes der sechs Themen durch Beispiele veranschaulicht. Darüber hinaus sei an dieser Stelle gesondert angemerkt, dass sich dies nochmals anders verhält, wenn Sie auf klassische Weise telefonieren: Hierbei können Sie und Ihr Gesprächspartner sich nicht sehen oder fühlen. Somit entfallen viele nonverbale Informationen, die z. B. durch Gestik, Mimik, Haltung oder Berührung übermittelt würden. Dagegen steigt der Stellenwert von hörbaren Aspekten, wie z. B. dem Klang der Stimme, der Deutlichkeit der Aussprache sowie der Lautstärke und der Geschwindigkeit des Sprechens. Siehe dazu eventuell ergänzend die Ausführungen zur Körpersprache (Kap. 6).

Wenn Sie sich mit den behandelten Inhalten der beruflichen Bereiche beschäftigen, kann es sein, dass Sie zu bestimmten Aspekten schwerer Zugang finden. Dabei könnte eine Ursache in inneren Überzeugungen, Einstellungen, Blockaden etc. liegen, die dem entgegenstehen. Darauf wird auch bei den Ausführungen zu den einzelnen Themen jeweils nochmals hingewiesen. In einem derartigen Fall ist es für Sie ratsam, mögliche Gründe zu reflektieren, um auf dieser Basis anschließend Ansätze für Ihre Weiterentwicklung zu überdenken. Das lässt sich für Sie gegebenenfalls allein, mit der Unterstützung anderer Menschen aus Ihrem Umfeld und/oder begleitet von Fachleuten umsetzen.

Die folgenden Beispiele zeigen Ihnen einige diesbezüglich vorstellbare Hindernisse mit potenziellen Ursachen bzw. Ansatzpunkten auf. Das soll Ihnen lediglich zur Veranschaulichung dienen und kann Ihre eigenen Überlegungen in keinerlei Weise ersetzen:

- Schwierigkeiten, sich zu motivieren, können z. B. aus einem geringen Selbstvertrauen und einer negativen Grundeinstellung hervorgehen.
- Eine Abneigung, etwas anzupreisen und zu verkaufen, rührt z. B. eventuell aus der Erziehung her, wenn dies als etwas Aufdringliches, Unehrliches etc. vermittelt wurde.
- Mangelnde Durchsetzungskraft in Verhandlungen kann sich z. B. aus einem geringen Selbstvertrauen oder aus dem inneren Antrieb, es anderen recht machen zu wollen, ergeben.

Im Rahmen der nachfolgenden Darstellungen sollen ständige Wiederholungen möglichst vermieden werden. Deshalb finden Sie nur dann Verweise auf weitere Inhalte in diesem Buch, wenn diese die Erläuterungen zur jeweils behandelten Thematik individuell ergänzen.

Aus dem Grund sind hier in allgemeiner Art Verweise zu psychologischen und körpersprachlichen Inhalten angeführt. Dabei ergeben sich einige Überschneidungen, weil sich, wie bereits mehrfach festgestellt, Ihr Inneres bzw. Ihre Psyche auch körpersprachlich nach außen zeigt:

- *Psychologische Aspekte* – vertiefende und weiterführende Informationen:
  - Sozialisation und Entwicklung (Kap. 2)
  - Vertrauen (Kap. 4)

- Transaktionsanalyse (Kap. 5)
- Kommunikation (Kap. 8)
- Sich entwickeln (Kap. 10)

- *Körpersprachliche Aspekte* – vertiefende und weiterführende Informationen:
  - Körpersprache (Kap. 6)
  - Innere Anteile (Kap. 5.1)
  - Innere Antreiber (Kap. 5.4)
  - Redepyramide (Kap. 8.14)

9.1 Motivation – anspornen und bewegen

Diese Ausführungen bieten Ihnen hilfreiche Inhalte zur Thematik der Motivation. Das ermöglicht Ihnen, diesbezüglich bewusster aufzutreten und zu kommunizieren:

Die Motivation stellt im Berufsleben einen Kernaspekt dar, weil sie dazu bewegt, aktiv zu werden und zu handeln. Dabei bildet sie eine Art Fundament auf dem, wenn vorhanden und stabil, aufgebaut werden kann. In dieser Art weitergedacht verkörpert die Motivation einen bedeutenderen Faktor als andere berufsübergreifende oder fachliche Fähigkeiten. Der Grund dafür ist, dass sich ein dahingehend motivierter Mensch fehlende Kompetenzen aneignen und diese umsetzen wird. Dementgegen ist es bei einer unmotivierten Person stets fraglich, ob sie ihre vorhandenen Kenntnisse auch nutzt und einbringt sowie die Bereitschaft zeigt, Neues zu lernen.

Es ist ein etablierter Ansatz, dass Motivation aufgrund sogenannter Motive entsteht. Damit sind Antriebs- bzw. Beweggründe gemeint, wie Bedürfnisse befriedigen, Wünsche erfüllen, Vorteile erlangen, Ziele erreichen etc.

Weiterführend wird häufig in intrinsische und extrinsische sowie kurzfristige und langfristige Motivation differenziert – stark angelehnt an Norbert Albs (2005) sowie an Hartmut Laufer (2018):

- *Intrinsisch und extrinsisch*
  - Intrinsische Motivation – von innen, aus eigenem Antrieb, z. B. aus Selbstzweck, Eigeninteresse sowie um der Sache selbst willen.
  - Extrinsische Motivation – von außen angeregt und nicht aus eigenem Antrieb. Dies kann positiv, z. B. durch Belohnung, Vorteile und Anerkennung, oder negativ, z. B. mittels Zwang, Strafe und Angst, geschehen.

- *Kurzfristig und langfristig*
  - Kurzfristige Motivation – beinhaltet rasche Gewöhnung, z. B. Gehaltserhöhung, Dienstwagen und Auszeichnung.
  - Langfristige Motivation – fördert gewünschte Verhaltensweisen grundsätzlich, z. B. erfolgsbezogene Vergütung, klare Ziele sowie Aufstiegsmöglichkeiten.

Neben der Motivation liegt auch großes Potenzial im Vermeiden von Demotivation. Diese kann aufgrund einer unpassenden Tätigkeit, hinderlichen Arbeitsbedingungen, mangelnder Wertschätzung, ausbleibenden Erfolgserlebnissen, fehlenden Entwicklungsmöglichkeiten sowie vergleichsweise geringer Entlohnung etc. entstehen.

Praktische Ableitungen für Sie:

Um sich selbst zu motivieren, sollten Sie in sich gehen und überdenken, was Sie dazu aktiviert, eine Sache zu verwirklichen. Hierbei kann es sein, dass Sie einige Beweggründe haben, die in den meisten Fällen greifen. Wenn nicht, machen Sie sich im Detail bewusst, was es Ihnen (oder anderen, die Ihnen am Herzen liegen) individuell nutzt. Führen Sie sich also vor Augen, welche Vorteile Sie erlangen und/oder welche Nachteile Sie vermeiden, wenn Sie hier handeln.

Für das Motivieren anderer Menschen wenden Sie im Prinzip eine ganz ähnliche Herangehensweise an: So können Sie versuchen, Ihr oder Ihre Gegenüber anhand von allgemein bewährten Beweggründen zu aktivieren. Oder Sie stimmen Ihr Vorgehen, wenn machbar, gesondert auf die Person bzw. deren Bedürfnisse, Antreiber, Wünsche, Ziele usw. ab. Sollten Sie diese Aspekte nicht kennen, ist es eine gute Möglichkeit, in direkter oder eher indirekter Form danach zu fragen. Falls Sie das nicht möchten: Versetzen Sie sich in Ihren Interaktionspartner, schätzen Sie ihn aufgrund seines Auftretens und Kommunikationsverhaltens ein, besinnen Sie sich auf in der Vergangenheit gewonnene Erkenntnisse und/oder informieren Sie sich diesbezüglich über ihn etc. Siehe hierzu eventuell ergänzend die Ausführungen zum Verkauf (Kap. 9.2), zu den inneren Antreibern (Kap. 5.4), zum Inselmodell (Kap. 8.1), zum Eingehen auf sogenannte Innerungen im Rahmen des Teufelskreismodells (Kap. 8.2) sowie zum Riemann-Thomann-Modell (Kap. 8.12).

Dabei erscheint es für Sie ratsam, bei der Auswahl der Beweggründe, die Sie anbringen möchten, folgende Punkte zu berücksichtigen:

- Andere Menschen sind häufig durch andere Motive zu aktivieren als Sie selbst. Sprechen Sie also, unabhängig von Ihren Vorlieben, Dinge an, die auf Ihr Gegenüber zutreffen und dementsprechend ankommen.
- Falls der favorisierte Beweggrund eine rasche Gewöhnung beinhaltet, sollten Sie überdenken, ob er geeignet ist, gemäß Ihren Vorstellungen lange genug zu wirken.
- Wenn Sie mit Zwang, Strafe und Angst etc. motivieren, bringt dies in der Regel auf längere Sicht auch gravierende Nachteile mit sich: So haben Sie beispielsweise einen hohen Kontrollaufwand und müssen, um längerfristig glaubhaft zu bleiben, bei unerwünschtem Verhalten entsprechende Konsequenzen folgen lassen. Gewöhnt sich Ihr Gegenüber an den Druck, ist es erforderlich, die Intensität zu erhöhen. So besteht die Gefahr, dass Sie das Vertrauensverhältnis und die gegebenenfalls gute Beziehung mit dieser Person zerstören, was schnell demotivierend wirkt und letztendlich bis zum Kontaktabbruch bzw. zur Kündigung führen kann. Siehe dazu bei Interesse ebenso die Erläuterungen zum zwischenmenschlichen Vertrauen (Kap. 4.2), zum Vertrauensverlust (Kap. 4.5) sowie zum Eisbergmodell (Kap. 8.3).

Sowohl im Hinblick darauf, sich selbst zu motivieren als auch für die Motivation anderer Personen sind Zielsetzungen von großer Bedeutung. Hier gilt es, die passenden Ziele auszuwählen und diese klar zu formulieren. Ist dabei ein Ziel für jemand anderen gedacht und wollen Sie diesen Menschen anspornen, es umzusetzen, hat es sich bewährt, die Zielfestlegung, soweit möglich, gemeinsam vorzunehmen. Zudem erscheint es ratsam, große, komplexe, langfristige etc. Ziele in Teilziele aufzugliedern. Diese lassen sich leichter erfassen und realisieren. Die so entstehenden Erfolgserlebnisse haben wiederum einen positiven Effekt. Darüber hinaus können Sie die motivierende Wirkung Ihrer Ziele und Teilziele weiter verstärken, indem Sie sich diese aufschreiben bzw. visualisieren und anschließend regelmäßig vergegenwärtigen. Siehe hierzu gegebenenfalls auch die Darstellungen zur Zielsetzung (Kap. 10.2).

Das Vermeiden von Demotivation ist für Sie ebenso bedeutend wie die Motivation selbst. Jedoch erhält dieser Aspekt in der beruflichen Praxis aus verschiedenen Gründen häufig zu wenig Aufmerksamkeit: So können beispielsweise Faktoren wie innere Anspannung, hohe Arbeitsbelastung sowie Zeit- und Erfolgsdruck dazu führen, starr einen Weg zu verfolgen. Werden dann die eigenen Bedürfnisse und Ressourcen und/oder die anderer Menschen nicht ausreichend beachtet, kann sich das demotivierend auswirken.

Um Demotivation möglichst zu vermeiden, ist es wichtig, dass Sie dahingehende Maßnahmen nicht nur kennen, sondern auch anwenden, z. B.:

- Überdenken Sie von Zeit zu Zeit, ob der eingeschlagene Weg noch der richtige ist, und wenn ja, wie dieser eventuell freudvoller gestaltet werden kann.
- Achten Sie auf ansprechende Arbeitsbedingungen sowie auf die Bedürfnisse von sich und anderen.
- Würdigen Sie auch kleine Erfolge und entlohnen Sie Leistung in angemessener Weise.

Die vorhergehenden Erläuterungen beinhalten mit den Themen der Motivation und dem Vermeiden von Demotivation im Hinblick auf sich selbst und andere ein breites Spektrum. Sollten Sie sich damit weiter beschäftigen und versuchen, die angeführten Hinweise und Empfehlungen umzusetzen, gestalten sich eventuell manche Punkte schwieriger als andere. In diesen Fällen erscheint es für Sie gewinnbringend, die jeweiligen Ursachen zu reflektieren und dabei ebenfalls zu überdenken, ob bzw. inwieweit hier jeweils innere Überzeugungen, Einstellungen, Blockaden etc. eine Rolle spielen. Darauf aufbauend haben Sie gegebenenfalls die Möglichkeit, Schritte festzulegen, um sich diesbezüglich weiterzuentwickeln.

Bei der Motivation und dem Entgegenwirken von Demotivation in Bezug auf sich selbst und andere Menschen kommt auch nonverbalen Aspekten großes Gewicht zu, wie diese Beispiele zeigen:

- Das Zusammenspiel einer aufrechten und gelösten Körperhaltung, einer ruhigen Atmung und einem ausgeglichenen Spannungszustand des Körpers steigert Ihr Wohlbefinden. Dies hilft, dahingehende belastende und auf Dauer demotivierende Einschränkungen zu vermeiden bzw. zu lindern.
- Nonverbale Faktoren beeinflussen maßgeblich, ob Sie in den Augen anderer Menschen einen glaubwürdigen und überzeugenden Eindruck machen. Ist das der Fall, steigert dies die Wahrscheinlichkeit, im Sinne Ihrer jeweiligen Inhalte motivieren zu können.

Somit ist es hier für Sie sinnvoll, die unterstützende Wirkung Ihrer Körpersprache zu berücksichtigen und einzubringen.

9.2 Verkauf – Abschlüsse machen

Aufbauend auf den vorhergehenden Darstellungen zur Motivation finden Sie nun Aspekte behandelt, die Ihnen Orientierung bieten, um erfolgreicher zu verkaufen:

Im Arbeitsleben dient das Verkaufen dazu, verschiedenste Produkte, Leistungen, Ideen usw. an Kunden, die für sich selbst oder für ein Unternehmen, eine Institution etc. auftreten, abzugeben. Dabei unterscheiden sich die Situationen, in denen verkauft wird, sehr stark voneinander. Neben vielen anderen Punkten ist hier ein zentraler Faktor, ob der Kunde exakt weiß, was er möchte oder, ob sein Bedarf noch detailliert zu ermitteln ist. Vor diesem Hintergrund gibt es bei genauerer Betrachtung eine große Bandbreite an Herangehensweisen des beruflichen Verkaufens.

Neben dem Verkauf im engeren Sinn, z. B. im Außendienst, im Fachhandel, am Telefon und bei Messen etc., kann Verkaufen auch weitergefasst als »sich selbst« oder »etwas gut zu verkaufen« verstanden werden: Damit ist beispielsweise gemeint, sein Erscheinungsbild sowie seine Persönlichkeit, fachlichen und sozialen Kompetenzen, Qualifizierungen, Leistungen etc. bei Einstellungsgesprächen sowie anderen Gelegenheiten gut darzustellen. Das wirkungsvolle Anbringen von Inhalten in einer Präsentation fällt ebenso in diesen Bereich.

Für das Verkaufen nehmen diese zwei Aspekte eine gewichtige Rolle ein:

1. Bedarf ermitteln
2. Lösungen mit Vorteilen bzw. Nutzen präsentieren

Praktische Ableitungen für Sie:

Die nachstehenden Erläuterungen geben Ihnen Orientierung, um die beiden für das Verkaufen bedeutsamen Aspekte anzuwenden:

1. *Bedarf ermitteln*
   Sie können Ihrem Kunden nur dann eine passende Lösung in Form von Produkten, Leistungen, Ideen etc. anbieten, wenn Sie seinen genauen Bedarf kennen. Sollte Ihr Kommunikationspartner diesen nicht von sich aus mitteilen, gilt es für Sie z. B. zu ergründen, was er sucht bzw. braucht, wofür er es verwenden möchte, was er

damit erreichen will und auf was er besonderen Wert legt. Stellen Sie Ihrem Gegenüber diesbezüglich Fragen und bringen Sie bis ins Detail alles in Erfahrung, was notwendig ist, um den exakten Bedarf zu klären.

Auch falls Sie innerhalb einer Interaktion sich selbst oder etwas im weiteren Sinn gut verkaufen möchten, erscheint ein ähnliches Vorgehen ratsam: Da hier ein direktes Fragen in der Regel eher unpassend sein dürfte, bedenken oder recherchieren Sie im Vorfeld und/oder während des vorausgehenden Smalltalks betreffende Aspekte. Dabei sind z. B. interessante Punkte, was für Ihr Gegenüber wichtig ist, was Sie wie ansprechen sollten und wie Sie hier gut wirken können.

2. *Lösungen mit Vorteilen bzw. Nutzen präsentieren*
   Wenn Sie Ihrem Kunden eine Lösung anbieten, ist es empfehlenswert, ihm dabei aufzuzeigen, was ihm die betreffenden Produkte, Leistungen, Ideen etc. für Vorteile bzw. Nutzen bringen. Das hat hauptsächlich zwei Gründe: Zum einen helfen Sie Ihrem Kommunikationspartner so, diese positiven Aspekte für sich zu erkennen. Zum anderen motivieren Sie ihn damit möglichst dazu, Ihre Lösung gut zu finden und kaufen zu wollen.

   Um Ihr Gegenüber in der von Ihnen angestrebten Weise zu aktivieren, sollten Sie hierfür geeignete Motive ansprechen. Sagen Sie Ihrem Kunden also, was er durch diese Lösung verdient, spart, an Sicherheit gewinnt und/oder wie einfach die Handhabung ist etc. Siehe dazu eventuell ergänzend die Ausführungen zum vorhergehend behandelten Thema der Motivation (Kap. 9.1).

   In diesem Zusammenhang ist es für Sie wirkungsvoller, Ihrem Gegenüber eher Nutzen als Vorteile zu nennen, da zwischen beiden ein Unterschied besteht: So ist hier mit einem Vorteil ein allgemein erkennbarer Vorteil gemeint, von dem jeder irgendwie profitieren würde. Dementgegen bezeichnet ein Nutzen einen am individuellen Interesse Ihres Kunden orientierten Vorteil, welchen speziell er gerne hätte. Somit können Sie einen Nutzen nur anbringen, wenn Sie den Bedarf Ihres Kommunikationspartners kennen.

   Des Weiteren lässt sich dieses Vorgehen auch auf Interaktionssituationen anwenden, in denen Sie, im übertragenen Sinn, sich selbst oder etwas gut verkaufen möchten. Dazu nennen Sie die Vorteile bzw. Nutzen, die sich für Ihr Gegenüber

z. B. aus Ihrer Persönlichkeit sowie Ihren Kompetenzen, Qualifizierungen und Leistungen oder aus den Inhalten, für die Sie sich engagieren, ergeben.

Für erfolgreiches Verkaufen reicht es also nicht aus, nur über die jeweiligen Gegenstände, die Sie anbieten, Bescheid zu wissen. Darüber hinaus gilt es für Sie, sich in Ihren Kunden hineinzuversetzen, ihm Fragen zu stellen und ihm zuzuhören, um seinen genauen Bedarf zu ermitteln. Auf dieser Grundlage bieten Sie ihm dann eine passende Lösung oder einige wenige geeignete Lösungsalternativen an, wobei Sie ihn mit dem Aufzeigen von Vorteilen bzw. Nutzen zum Kauf motivieren.
Sollten Sie hinsichtlich dieser Herangehensweise auf innere Hemmnisse stoßen, erscheint es für Sie sinnvoll, die jeweiligen Gründe dafür zu überdenken. Oftmals stehen dahinter innere Überzeugungen, Einstellungen und Blockaden etc., die das Anwenden in der Praxis erschweren. Im Anschluss daran können Sie gegebenenfalls überlegen, ob bzw. wie Sie sich dahingehend weiterentwickeln wollen.

Als Ergänzung zu diesen Ausführungen zum Verkauf sei noch auf zwei Aspekte verwiesen:

- Anstatt den Bedarf Ihres Kommunikationspartners zu ermitteln, um ihm eine passende Lösung anbieten zu können, ist es auch denkbar, dass Sie anstreben, seinen Bedarf für einen bestimmten Gegenstand zu wecken. Dazu können Sie ihn fragen oder ihm aufzeigen, was ihm die damit verbundenen Vorteile bzw. Nutzen bringen würden. Verdeutlichen Sie ihm also, wie er dadurch sparen, mehr verdienen, an Effizienz gewinnen usw. kann.
- Falls Ihr Kunde erwägt, bei Ihnen zu kaufen, möchte er eventuell über den Preis und/oder die Lieferzeit etc. verhandeln. Siehe hierzu bei Interesse die Erläuterungen zur Verhandlung (Kap. 9.4).

Des Weiteren wirken sich auch nonverbale Faktoren auf Ihren Verkaufserfolg aus, wie diese Beispiele zeigen:

- Im Rahmen der Bedarfsermittlung sollten Sie Ihrem Gegenüber beim Beantworten Ihrer Fragen aufmerksam zuhören. Dabei können Sie durch Ihre Körpersprache die Wahrscheinlichkeit erhöhen, dass er sich wohler fühlt, länger spricht und mehr Informationen mitteilt. Beispielhafte Aspekte sind hier, sich zuzuwenden, angemessenen Blickkontakt zu halten sowie gelegentlich zustimmend zu nicken.
- Ähnlich verhält es sich, wenn Sie Vorteile bzw. Nutzen nennen: Hier lassen Sie ebenfalls eine zugewandte Haltung und Blickkontakt überzeugender wirken. Das

wird noch verstärkt, indem Sie Ihr Gesprochenes z. B. durch Gestik unterstützen und mit Ihrer Stimme einen souveränen und glaubwürdigen Eindruck vermitteln.

Demzufolge ist es für Sie gewinnbringend, ebenso Ihr nonverbales Auftreten in Ihrem Sinne einzusetzen.

9.3 Konflikt – Differenzen handhaben

Die nachfolgenden Erläuterungen bieten Ihnen Inhalte, die Sie im Hinblick auf Konflikte bewusster agieren und reagieren lassen:

Wo Menschen zusammenarbeiten und miteinander handeln, kommt es auch zu Konflikten, Streit und Auseinandersetzungen etc. Dabei sind die Themen, um die es jeweils geht, sehr vielfältig: So entstehen zwischenmenschliche Konflikte im beruflichen Kontext häufig aufgrund unterschiedlicher Sichtweisen bzw. Positionen zu Thematiken, wie z. B. Ziele und Zielerreichung, Aufgaben- und Ressourcenverteilung sowie dem Verständnis und dem Einhalten von Werten und Normen.

Bei genauerer Betrachtung liegen die Ursachen jedoch häufig nicht nur bei diesen eher inhaltlichen Verschiedenheiten, sondern bei tiefergehenden Aspekten. Beispiele hierfür sind Charakterunterschiede, Vertrauensdefizite, missverstandene körpersprachliche Signale, unterschiedliche Begriffsverständnisse, ungleiche Rollenvorstellungen, Statusgerangel sowie individuelle verdeckte Bedürfnisse, Erwartungen, Wünsche, Ängste und Zwänge.

Zwischenmenschliche Konflikte können sich weiter auf andere Personen übertragen. Darüber hinaus ist die Möglichkeit der Konfliktausweitung auch in noch größerem Umfang gegeben: So kann ein innerer Konflikt, den ein Mensch mit sich selbst hat, zu einem Verhalten nach außen führen, das einen zwischenmenschlichen Konflikt hervorruft. Dieser kann sich dann wiederum auf die Abteilung und schließlich das gesamte Unternehmen ausbreiten.

Einerseits weisen Konflikte auf Probleme und Schwierigkeiten hin, was Ansatzpunkte bietet, Lösungen zu suchen, Veränderungen einzuleiten und Weiterentwicklungen anzustoßen etc. Andererseits behindern sie den Arbeitsablauf, binden Energie, beeinträchtigen die zwischenmenschliche Beziehung, zerstören Vertrauen, führen zu Abwanderung von Mitarbeitern usw. Somit bringen Konflikte, neben einigen Vorteilen, gravierende Nachteile für die Zusammenarbeit mit sich. Um diesen gewichtigen Belastungen und Beeinträchtigungen entgegenzuwirken, hat es sich bewährt, Konflikten vorzubeugen bzw. diese möglichst zu verhindern.

Ist ein Konflikt gegeben, gilt es, diesen, soweit machbar, zeitnah aufzulösen. Ansonsten ist die Wahrscheinlichkeit hoch, dass er sich weiter verhärtet und eventuell ausbreitet.

Für das Bearbeiten von Konflikten ist es ein etablierter Ansatz, zwei verschiedene Faktoren voneinander zu unterscheiden:

- Zum einen die Positionen bzw. Sichtweisen, die die Konfliktparteien je nach außen vertreten.
  Z. B.: subjektive Schilderungen des Sachverhalts sowie Behauptungen und Schuldzuweisungen
- Zum anderen die Interessen bzw. die jeweils dahinterliegenden Gründe, die zu diesen Positionen bzw. Sichtweisen führen, jedoch in der Regel nicht nach außen mitgeteilt werden.
  Z. B.: Gefühle, Vorurteile, Bedürfnisse und Erwartungen

Siehe zum Unterschied von Positionen und Interessen sowie zum Umgang damit eventuell auch die diesbezüglichen Erläuterungen innerhalb der Ausführungen zur Thematik der Verhandlung (Kap. 9.4) und darüber hinaus als zusätzliche Ergänzung die Darstellungen zum Inselmodell (Kap. 8.1), zum Teufelskreismodell (Kap. 8.2), zum Eisbergmodell (Kap. 8.3), zum 3. Axiom bei den Kommunikationsaxiomen (Kap. 8.9) sowie zum Riemann-Thomann-Modell (Kap. 8.12).

Vor diesem Hintergrund tragen Konfliktparteien ihre Auseinandersetzungen häufig rein über ihre Positionen bzw. Sichtweisen aus. Diese unterscheiden sich hierbei natürlicherweise und scheinen oftmals unvereinbar. Das lässt den Konflikt eher weiter eskalieren und ist einer Lösung wenig zuträglich. Weitaus vielversprechender ist es dagegen, die jeweiligen Interessen zu besprechen, da sich hier oftmals Gemeinsamkeiten finden, die eine Annäherung und Lösung ermöglichen. Diese Zusammenhänge finden Sie in der nachfolgend dargestellten Herangehensweise ebenfalls wieder.

Für die Konfliktlösung sind, angelehnt an Susanne Klein (2010), diese drei Aspekte sehr bedeutsam:

1. Positionen bzw. Sichtweisen von Interessen unterscheiden
2. Gemeinsamkeiten verdeutlichen
3. Kontroverses und Lösungen zukunftsorientiert angehen

Praktische Ableitungen für Sie:

Grundlegend betrachtet können Sie den Großteil der Inhalte dieses Buchs auch zur Konfliktprävention nutzen. Dabei helfen Ihnen die behandelten psychologischen und körpersprachlichen Thematiken, menschliche Verhaltensweisen und Bedürfnisse sowie jeweilige persönliche Eigenheiten besser wahrzunehmen und zu verstehen. Dadurch haben Sie die Möglichkeit, diese Aspekte bei Ihren Interaktionen zu berücksichtigen und so anderen Menschen individueller und wertschätzender zu begegnen. Zudem können Sie auf dieser Basis auch Maßnahmen für die Konfliktprävention in Ihrer Abteilung und/oder Ihrem Unternehmen etc. formulieren. Siehe hierzu bei Interesse insbesondere die Ausführungen zu den Thematiken Sozialisationsebenen (Kap. 2.1), zwischenmenschliches Vertrauen (Kap. 4.2), Vertrauensverlust (Kap. 4.5), Transaktionen (Kap. 5.3), Körpersprache (Kap. 6), Inselmodell (Kap. 8.1), Teufelskreismodell (Kap. 8.2), Eisbergmodell (Kap. 8.3), Kommunikationsquadrat (Kap. 8.4), Begriffsverständnis (Kap. 8.7), Kommunikationsprozess (Kap. 8.8), Kommunikationsaxiome (Kap. 8.9) sowie die Darstellungen zum Johari-Fenster im Rahmen der Erläuterungen zur Standortbestimmung (Kap. 10.1).

Wenn Sie einen Konflikt auflösen möchten, können Sie Ihre Erfolgsaussichten erhöhen, indem Sie diese Punkte berücksichtigen und Ihr Verhalten innerhalb des Konfliktlösungsgesprächs bzw. -prozesses dahingehend ausrichten:

- Unterscheiden Sie klar, ob Sie selbst an diesem Konflikt beteiligt sind oder nicht. Falls ja, haben Sie die anspruchsvolle Aufgabe, einen zielgerichteten und für beide Seiten fairen Ablauf im Auge zu behalten, während Sie gleichzeitig Ihre Sache vertreten. Sind Sie dagegen nicht beteiligt, agieren Sie in der Art eines neutralen Moderators und führen die Konfliktparteien zu einer möglichst tragfähigen Lösung.
- Machen Sie sich stets Ihre Zielsetzung und die damit verbundene Haltung bewusst: Es geht darum, für die Zukunft wieder zu einem möglichst guten Mit-

einander zu kommen. Es geht nicht darum festzustellen, wer angefangen hat, recht hat, schuld ist etc. oder zu gewinnen. Siehe dazu eventuell ergänzend die Erläuterungen zum Teufelskreismodell (Kap. 8.2) und zum 3. Axiom der Kommunikationsaxiome (Kap. 8.9).

Diese Ausführungen bieten Ihnen, angelehnt an Susanne Klein (2010), Orientierung für das Umsetzen der drei für die Konfliktlösung bedeutsamen Aspekte:

1. *Positionen bzw. Sichtweisen von Interessen unterscheiden*
   Tauschen Sie sich als Konfliktbeteiligter mit Ihrem Kommunikationspartner darüber aus, wie Sie den Konfliktpunkt jeweils sehen. Teilen Sie sich auch gegenseitig die individuell dahinterliegenden Gründe mit, warum Sie das persönlich bzw. emotional trifft. Unterstützen Sie hier Ihr Gegenüber gegebenenfalls mit geeigneten Fragen dabei, sich dahingehend zu öffnen.

   Wenn Sie in der Rolle eines nicht am Konflikt beteiligten Moderators auftreten, leiten Sie einen entsprechenden Austausch zwischen den Konfliktparteien an.

2. *Gemeinsamkeiten verdeutlichen*
   Sprechen Sie vorhandene Gemeinsamkeiten zwischen Ihnen und Ihrem Interaktionspartner bzw. zwischen den Konfliktparteien an. Diese finden Sie in der Regel nicht bei den Positionen, sondern sehr wahrscheinlich bei den Interessen. Hierbei kann es sich z. B. um beiderseitig vorhandene Gefühle, wie Enttäuschung, Ärger und Wut sowie um den Wunsch nach einer Lösung handeln.

3. *Kontroverses und Lösungen zukunftsorientiert angehen*
   Reden Sie auf der geschaffenen Basis der Gemeinsamkeiten über die Inhalte, bei denen Sie noch unterschiedlicher Ansicht sind, bzw. moderieren Sie einen betreffenden Austausch der Konfliktparteien.

   Leiten Sie im Anschluss daran dazu über, zukunftsorientierte Lösungen für diese Differenzen zu suchen und sich dahingehend zu einigen.

Diese Herangehensweise beinhaltet demnach, sich zu öffnen, Gemeinsamkeiten herauszustellen und den Blick lösungsorientiert in die Zukunft zu richten. Dabei erscheint es einerseits für viele Menschen plausibel, einen Konflikt auf diese Art lösen zu wollen. Andererseits gestaltet sich die Umsetzung häufig als Herausforde-

rung, da hier zugunsten eines konstruktiven Austauschs auf Angriffe und Schuldzuweisungen etc. verzichtet wird. Deshalb erfordert es etwas Übung, einen Konflikt als Beteiligter oder Moderator in der dargestellten Form zu bearbeiten.
Darüber hinaus ist es gegebenenfalls sinnvoll, im Einzelnen zu reflektieren, warum Ihnen hierbei bestimmte Aspekte schwerfallen. Das beinhaltet auch zu bedenken, ob Ihnen innere Überzeugungen, Einstellungen, Blockaden etc. im Weg stehen. Darauf aufbauend können Sie dann überlegen, wie Sie sich diesbezüglich eventuell weiterentwickeln möchten.

Im Rahmen Ihrer Konfliktprävention und -lösung spielen nonverbale Aspekte ebenfalls eine bedeutende Rolle, wie diese Beispiele veranschaulichen:

- Sie erhöhen das Konfliktpotenzial durch Verhaltensweisen wie direktes Anstarren, schnelle und somit bedrohlich wirkende Bewegungen, zu lautes bzw. dominantes Sprechen, unangemessenes Eindringen in Distanzzonen und Territorien sowie weitere herausfordernde Statushandlungen. Dementsprechend wirkt es Konflikten entgegen, wenn Sie auf derartiges Verhalten verzichten.
- Im Rahmen eines Konfliktgesprächs können Sie Ihren Kommunikationspartner auch nonverbal dabei unterstützen, sich beim Erläutern seiner Positionen und Interessen zu öffnen. Beispiele hierfür sind eine zugewandte und offene Körperhaltung, ein angemessener und nicht übertriebener Blickkontakt sowie eine unaufgeregte Sprechweise.

Vor diesem Hintergrund ist es für Sie ratsam, Ihre Körpersprache ebenso förderlich einzubringen.

9.4 Verhandlung – wer was bekommt

Im Folgenden finden Sie Anregungen und Herangehensweisen, die Ihnen dazu dienen, Ihre Verhandlungen erfolgreicher zu gestalten:

Diese Ausführungen zum Verhandeln ergänzen sich sehr gut mit denen zum vorausgehenden Thema Konflikt. Hierbei sind beide Male ungleiche Positionen bzw. Sichtweisen vorhanden. Diese sollen durch den Austausch über die je dahinterliegenden Interessen zu einer gemeinsamen Lösung geführt werden. Die Hauptunterschiede liegen in der Zielsetzung und der damit verbundenen Haltung: So wird im Rahmen einer Konfliktlösung versucht, für die Zukunft wieder zu einem möglichst guten Miteinander zu kommen. Dagegen geht es bei einer Verhandlung darum, das jeweils Gewünschte zu günstigen Bedingungen für sich zu gewinnen.

Kleinere und größere Verhandlungen sind im beruflichen Kontext ein fester Bestandteil des Miteinanders. In der Regel wird hier bezweckt, Produkte, Leistungen und Ideen etc. zu angestrebten Gegenleistungen, Preisen und Lieferzeiten etc. zu erlangen oder abzugeben. Dabei haben auch viele Mitarbeitergespräche einen mehr oder weniger stark ausgeprägten Verhandlungscharakter, um sich bezüglich zukünftiger Zielsetzungen, einer höheren Entlohnung oder der Übernahme neuer Aufgaben usw. zu einigen.

Bereits diese wenigen Ausführungen lassen erkennen, wie häufig innerhalb beruflicher Interaktionen verhandelt wird und wie groß hierbei die Bandbreite möglicher Verhandlungssituationen, -ziele und -partner ist. Aus diesem Grund können Verhandlungen sehr unterschiedlich ablaufen.

Dabei stellen die vier Grundsätze des Harvard-Konzepts der Verhandlungstechnik nach Roger Fisher, William Ury und Bruce Patton (2013) für Sie eine gute Ausgangsbasis dar, um sachgerecht zu verhandeln:

1. Menschen und Probleme getrennt voneinander behandeln
2. Auf Interessen konzentrieren, nicht auf Positionen
3. Entscheidungsmöglichkeiten (Optionen) zum beiderseitigen Vorteil entwickeln
4. Auf der Anwendung neutraler Beurteilungskriterien bestehen

Weiterführend lassen sich nach Matthias Schranner (2013) fünf Verhandlungsstrategien unterscheiden, die Ihnen im Hinblick auf die Ausrichtung dieses Buchs wertvolle Ansatzpunkte bieten:

1. Drängen
2. Nachgeben
3. Ausweichen
4. Zusammenarbeit
5. Kompromiss

Praktische Ableitungen für Sie:

Die nachfolgenden Darstellungen dienen Ihnen, sehr stark angelehnt an Roger Fisher, William Ury und Bruce Patton (2013), als Orientierung für das Anwenden der vier Grundsätze des Harvard-Konzepts der Verhandlungstechnik:

1. *Menschen und Probleme getrennt voneinander behandeln, z. B.:*
   - Trennen Sie so klar wie möglich zwischen der (guten oder schlechten) Beziehung, die Sie zu Ihrem Verhandlungspartner haben und der Sachfrage, um die es geht.
   - Bemühen Sie sich, Ihre eigenen eingebrachten Emotionen und die Ihres Gegenübers zu erkennen und zu verstehen.
   - Verwenden Sie in angemessener Form symbolische Gesten, wie beispielsweise sich zu entschuldigen.

2. *Auf Interessen konzentrieren, nicht auf Positionen, z. B.:*
   - Sprechen Sie über Ihre je vorhandenen Interessen.
   - Orientieren Sie sich an den Interessen anstatt den Positionen, und versuchen Sie, diese in Einklang zu bringen.
   - Bleiben Sie in der Sache hart, treten Sie jedoch gegenüber den Menschen sanft bzw. freundlich auf.

   Angesichts dieses Grundsatzes ist es wichtig, dass Sie klar zwischen Positionen und Interessen unterscheiden:
   - Bei Positionen handelt es sich um Forderungen, die Sie und Ihr Kommunikationspartner je stellen.
     Z. B.: bestimmte Preise, konkrete Nachlässe oder fixe Termine
   - Dagegen sind Interessen die dahinterliegenden Gründe, die bei Ihnen und Ihrem Gegenüber zu den jeweiligen Positionen führen.
     Z. B.: Bedürfnisse, Erwartungen, Werte, Normen, Wünsche, Ängste und Zwänge

   Siehe hierzu eventuell ergänzend die Erläuterungen zu Positionen und Interessen innerhalb der Darstellungen zum Thema Konflikt (Kap. 9.3).

3. *Entscheidungsmöglichkeiten (Optionen) zum beiderseitigen Vorteil entwickeln, z. B.:*
   - Machen Sie gemeinsam ein Brainstorming zu möglichen Lösungen.
   - Suchen Sie für beide bzw. alle Seiten nach Vorteilen.
   - Unterstützen Sie Ihren Interaktionspartner (verbal) bei Entscheidungen.

4. *Auf der Anwendung neutraler Beurteilungskriterien bestehen, z. B.:*
   - Suchen Sie gemeinsam nach objektiven und fairen Beurteilungskriterien.
   - Argumentieren Sie vernünftig bzw. faktisch und seien Sie dabei auch für derartige Argumente offen. Setzen Sie sich gegebenenfalls dafür ein, dass Ihr Gegenüber das möglichst ebenso handhabt.
   - Geben Sie Druck, Drohungen und Angriffen etc. niemals nach.

Mit Blick auf die fünf Verhandlungsstrategien lassen sich diese, sehr stark angelehnt an Matthias Schranner (2015, 2013), gut danach differenzieren, ob kooperatives oder nicht kooperatives und ob forderndes oder nicht forderndes Verhalten gezeigt wird:

1. *Drängen*
   Wenn Sie nach dieser Strategie verhandeln, benehmen Sie sich nicht kooperativ und fordernd.
   Z. B.: indem Sie Druck mit Angeboten von Wettbewerbern aufbauen.

2. *Nachgeben*
   Hier verhalten Sie sich kooperativ und nicht fordernd.
   Z. B.: Sie bringen Opfer bei unwichtigeren Aspekten, um wichtigere zu erhalten.

3. *Ausweichen*
   Dabei treten Sie nicht kooperativ und nicht fordernd auf.
   Z. B.: um Forderungen ins Leere laufen zu lassen, um Zeit zu gewinnen.

4. *Zusammenarbeit*
   Bei dieser Strategie handeln Sie kooperativ und fordernd.
   Z. B.: in Kontexten, in denen Vertrauen und der Wunsch zur Zusammenarbeit gegenseitig vorhanden sind.

5. *Kompromiss*
   Hier zeigen Sie ein Verhalten zwischen kooperativ und nicht kooperativ sowie fordernd und nicht fordernd.
   Z. B.: falls Sie schon beim Einstieg in die Verhandlung eine Einigung in der Mitte anstreben.

Vor diesem Hintergrund erscheint es für Sie einerseits gewinnbringend in der Lage zu sein, die vier Grundsätze des Harvard-Konzepts und die fünf angeführten Strategien möglichst umfangreich für sich umzusetzen. Andererseits ist es für Ihre Verhandlungserfolge ebenso von Bedeutung, damit umgehen zu können, wenn Sie auf Personen treffen, die diese Herangehensweisen bei Ihnen bzw. gegen Sie anwenden.

Hierbei erfordern sowohl das Agieren als auch das Reagieren, dass Sie sich mit diesen Inhalten näher auseinandersetzen. Falls Sie dabei an innere Grenzen stoßen, sollten Sie genauer reflektieren, welche Ursachen das jeweils hat. In dem Zusammenhang ist es in der Regel lohnend zu ergründen, ob es innere Überzeugungen, Einstellungen, Blockaden etc. sind, die es Ihnen schwer machen, bestimmte Grundsätze und/ oder Strategien anzuwenden bzw. auf diese zu reagieren. Auf der Grundlage dieser Betrachtungen haben Sie die Möglichkeit zu überdenken, ob bzw. wie Sie sich in den betreffenden Aspekten weiterentwickeln möchten.

Darüber hinaus können bei Verhandlungen Thematiken wie Angriffe, unfaire Verhaltensweisen und Manipulationsversuche eine Rolle spielen. Dabei kann derartiges Handeln ebenfalls von Ihnen ausgehen oder Ihnen entgegengebracht werden. So macht es auch hier, analog zu den obigen Ausführungen, gegebenenfalls Sinn zu überlegen, warum Sie diese Dinge einbringen, was Sie dadurch gewinnen und verlieren, warum Sie sich dagegen schlecht wehren können, was Sie in dieser Hinsicht unternehmen wollen etc.

Bei Ihren Verhandlungen wirken sich zudem körpersprachliche Aspekte in gewichtigem Maße aus, wie diese Beispiele verdeutlichen:

- Wenn Sie in einem gemeinsamen Brainstorming möglichen Lösungen nachgehen, macht es einen Unterschied, ob Sie auf Vorschläge Ihres Gegenübers nonverbal abwertend reagieren oder nicht.
- Ihre Verhandlungsstrategie kann wirkungsvoll durch eine dementsprechende Körpersprache unterstützt werden. Im Falle des Drängens z. B. mittels einer hohen Sprechlautstärke und ungeduldigem Fingertippens auf dem Tisch.

Derartige nonverbale Faktoren und Möglichkeiten sollten Sie ebenfalls bedenken und für sich nutzen.

9.5 Führung – vorangehen und lenken

Die nachstehenden Erläuterungen bieten Ihnen Aspekte, die Sie im Führungskontext überzeugender auftreten und kommunizieren lassen:

Im Rahmen einer Führungstätigkeit gilt es, die vier vorhergehend behandelten beruflichen Bereiche Motivation, Verkauf, Konflikt und Verhandlung ebenso mehr oder weniger intensiv mit abzudecken. Das beinhaltet beispielsweise, sich und andere für bestimmte Vorhaben zu motivieren, Zielvorgaben und weitere Inhalte im übertragenen Sinn gut zu verkaufen, Konflikte möglichst zu vermeiden oder zu lösen sowie sich hinsichtlich Entlohnung, Aufgabenübernahme und weiterer Dinge zu einigen, was oftmals Verhandlungsgeschick verlangt.

Darüber hinaus schließt Führen noch viele weitere Aspekte mit ein, die stark mit dem Auftreten und Kommunizieren in Verbindung stehen, wie z. B. Argumentieren, Besprechungen leiten, Beziehungen pflegen, Delegieren, Fragen, Informieren, Mitarbeiter auswählen und beurteilen, Präsentieren, Probleme lösen, Repräsentieren, Sachverhalte klären, schwierige Gespräche führen, Smalltalken, Überzeugen, Verantworten und Zuhören. Dabei ließe sich die alphabetische Aufzählung noch um viele Punkte ergänzen.

Vor diesem Hintergrund stellt Kommunikation ein zentrales Führungsinstrument dar, bei dem Psychologie, Körpersprache und persönliche Wirkung jeweils eine gewichtige Rolle spielen. Neben der zugrunde liegenden Zielsetzung richtet sich das Kommunizieren hierbei auch am Führungsstil aus und ist somit z. B. nach Kurt Lewin (1939) eher autoritärer, demokratischer oder durch Laisser-faire geprägt. Siehe dazu eventuell weiterführend die Darstellungen zum Rollen- und zum Statusverhalten im Rahmen der Erläuterungen zu den ergänzenden Aspekten (Kap. 6.5) der Körpersprache, zum 5. Axiom der Kommunikationsaxiome (Kap. 8.9) sowie zum Thema Individuum und Gruppe (Kap. 8.13).

Um die vielen Facetten des Führens für Sie überschaubarer zu machen und nachfolgend besser behandeln zu können, erscheinen die beiden nun dargestellten Ansätze sehr hilfreich.

Bei dem verbreiteten Modell des Managementprozesses werden die Bestandteile oftmals auf unterschiedliche Weisen benannt – hier nach Hartmut Laufer (2018, S. 18):

Information und Kommunikation

1. Zielsetzung
2. Planung
3. Entscheidung
4. Realisierung
5. Kontrolle

Die Bedingungen des Verhaltens, nach Lutz von Rosenstiel (2002, S. 33 f.), geben Ihnen einen Überblick, von was (Führungs-)Verhalten abhängt:

Verhalten

1. Persönliches Wollen
2. Individuelles Können
3. Soziales Sollen und Dürfen
4. Situative Ermöglichung

Praktische Ableitungen für Sie:

Die nachstehenden Ausführungen dienen Ihnen bezüglich des Managementprozesses und der Bedingungen des Verhaltens zur Veranschaulichung.

In sämtlichen Phasen des Managementprozesses ist von zentraler Bedeutung, dass sich die Beteiligten abstimmen. Dabei stellt es für Sie ebenfalls eine Führungsaufgabe dar, diese Information und Kommunikation zu fördern und einzufordern – sehr stark angelehnt an Hartmut Laufer (2018):

1. *Zielsetzung*
   Beinhaltet z. B., Ziele zu vereinbaren, Aufgaben zu übertragen sowie Befugnisse zu organisieren. Siehe dazu eventuell auch die Erläuterungen zum Thema Zielsetzung (Kap. 10.2).

2. *Planung*
   Meint z. B., Planungstätigkeiten zu veranlassen, Impulse zu geben und Kreativität zu unterstützen.

3. *Entscheidung*
   Schließt z. B. mit ein, Vorschläge für erfolgversprechende Herangehensweisen anzufordern sowie gemeinsam oder selbst zu entscheiden.

4. *Realisierung*
   Umfasst z. B., Personal zuzuteilen, Unterstützung zu leisten und Störungen zu beheben.

5. *Kontrolle*
   Bedeutet z. B., Kontrollmaßnahmen zu beauftragen oder zu begleiten sowie Fehlerquoten versuchen zu verringern.

Die Bedingungen des Verhaltens schließen Aspekte der Person (1. und 2.) sowie äußere Gegebenheiten (3. und 4.) mit ein – stark angelehnt an Lutz von Rosenstiel (2002):

1. *Persönliches Wollen*
   Bezieht sich auf Ihre Motivation und Werte: Wollen Sie als Führungskraft z. B. Feedback geben, Talente anderer fördern oder Mitarbeiter an Entscheidungen teilhaben lassen? Siehe hierzu bei Interesse ergänzend die Ausführungen zur Motivation (Kap. 9.1).

2. *Individuelles Können*
   Meint Ihre Fähigkeiten und Fertigkeiten: Können Sie als Vorgesetzter z. B. auf Menschen zugehen, Konflikte neutral handhaben oder eine Besprechung leiten?

3. *Soziales Sollen und Dürfen*
   Wird durch Normen und Regelungen bestimmt: Sollen und dürfen Sie in Ihrer Führungsposition z. B. Fehler offen zugeben, Missstände direkt ansprechen oder Hilfestellungen anbieten?

4. *Situative Ermöglichung*
   Im Sinne von hemmenden oder begünstigenden äußeren Umständen: Ist es für Sie in Ihrer Vorgesetztenrolle situativ möglich bzw. wird es Ihnen situativ ermög-

licht, z. B. Mitarbeiter während der Arbeitszeit persönlich vor Ort anzutreffen, kurzfristig einen Besprechungsraum zu nutzen oder sich Rat bei rechtlichen Unsicherheiten einzuholen?

Wie die getätigten Darstellungen zeigen, ist der Bereich des Führens komplex und anspruchsvoll. Hier bietet Ihnen der Managementprozess grundlegende Orientierung. Im Rahmen der beruflichen Führungspraxis wirken jedoch viele Sonderfälle, persönliche Eigenheiten und unvorhergesehene Entwicklungen mit ein, die Sie ebenfalls berücksichtigen und handhaben müssen. Dabei ist es schlicht menschlich nicht machbar, jede Führungshandlung mit uneingeschränktem Wollen und Können anzugehen. Darüber hinaus geben das Sollen und Dürfen sowie die situativen Möglichkeiten einen Rahmen vor, der auf Ihr Verhalten einwirkt.

Deshalb kann es gut sein, dass Ihnen bei Ihrer eventuellen weiteren Auseinandersetzung mit der Thematik des Führens und/oder im Rahmen Ihres praktischen Führungshandelns manche Aspekte schwerer fallen als andere. Dies könnte sich auf den Managementprozess, die Bedingungen des Verhaltens sowie die mannigfaltigen anderweitigen Aspekte, Aufgaben und Tätigkeiten beziehen, die mit dem Führen einhergehen.
Um sich in den betreffenden Punkten gegebenenfalls weiterzuentwickeln, ist es ein bewährter Ansatz, etwaige Ursachen zu überdenken. Dabei erweisen sich oftmals auch innere Überzeugungen, Einstellungen und Blockaden etc. als im Verborgenen wirkende Hemmnisse. Auf der Grundlage Ihrer Erkenntnisse aus dieser Reflexionsphase haben Sie anschließend die Möglichkeit, Schritte zum Überwinden dieser Hürden festzulegen.

Da Kommunikation im Führungskontext ein zentraler Faktor ist, spielt hierbei außerdem Ihre Körpersprache eine bedeutende Rolle, wie diese Beispiele zeigen:

- Mit einem freundlichen Gesichtsausdruck, Blickkontakt und einem (berechtigten) Daumen nach oben etc. können Sie notwendiger Kontrolle eher den Charakter einer Interessensbekundung als einer reinen Fehlersuche verleihen.
- Wenn Sie Ihr persönliches Wollen auch mit z. B. Blickkontakt, einer engagierten Sprechweise und einer lebendigen Gestik situativ angemessen nach außen zeigen, wirken Sie diesbezüglich glaubwürdiger. Zudem ist die Wahrscheinlichkeit hoch, dass sich Ihre positive Einstellung dadurch jeweils mehr oder weniger intensiv auf die Menschen in Ihrem Umfeld überträgt.

Somit erscheint es hier für Sie ratsam, Ihre nonverbale Wirkung ebenfalls zu berücksichtigen sowie unterstützend einzubringen.

9.6 Interkulturelle Aspekte – erläutern und anpassen

Die folgenden Ausführungen dienen Ihnen zur Orientierung, um in interkulturellen Kontexten bewusster agieren und reagieren zu können:

Im Berufsleben spielen interkulturelle Aspekte für viele Menschen eine bedeutende Rolle. Dabei kommen Personen aus unterschiedlichen Kulturen zusammen, um miteinander zu arbeiten und zu handeln.

Vor diesem Hintergrund sind die nachstehenden Darstellungen in allgemeiner Art gehalten. Sie bieten Ihnen eine Ausgangsbasis für Ihre eventuelle weiterführende Auseinandersetzung mit der Thematik, die dann spezifischer auf Ihre eigene berufliche Situation ausgerichtet sein kann.

Dieses pauschale Vorgehen hat hauptsächlich folgende Gründe: So ist die Anzahl der Kulturen (und Subkulturen) zu groß, um diese je gesondert behandeln zu können, wobei es innerhalb jeder Einzelnen auch noch viele Unterschiede und Besonderheiten gibt. Zudem umfasst die Bandbreite interkultureller Interaktionssituationen alle Branchen, Kontexte und Hierarchieebenen. Darüber hinaus ergeben sich aus den beiden soeben angeführten Umständen unzählig viele beispielhafte Möglichkeiten, auf Situationen einzugehen, in denen Vertreter verschiedener Kulturen miteinander interagieren. Dahingehende Ausführungen würden jedoch den Rahmen dieses Buchs zu Psychologie und Körpersprache im Job bzw. zum überzeugenden Auftreten und Kommunizieren weit überschreiten.

Was eine Kultur kennzeichnet, ist in der Regel anhand der Sprache und Körpersprache, typischen Speisen und Getränken, Kleidung sowie Architektur usw. relativ leicht erkennbar. Schwieriger bzw. weniger offensichtlich wird es dagegen meist bei Werten und Normen, Glaubens- und Moralfragen sowie Überzeugungen und kommunikativen Herangehensweisen etc.

Dabei beeinflusst und formt die Kultur, in der ein Mensch aufwächst bzw. lebt, nachdrücklich seine Persönlichkeit. Das wirkt sich auch auf seine Sicht auf die Welt, sein Denken und Handeln sowie sein Auftreten und seine Art zu kommunizieren aus. Somit treffen bei einer interkulturellen Interaktion kulturell unterschiedlich sozialisierte Persönlichkeiten mit ihren eigenen Weltsichten und Verhaltensweisen aufeinander. Siehe hierzu bei Interesse die Ausführungen zu den Sozialisationsebenen (Kap. 2.1) und zum Inselmodell (Kap. 8.1).

Nun folgen zwei etablierte Ansätze zu sogenannten Kulturdimensionen. Dabei handelt es sich um Verhaltenskategorien, die Ihnen einen gut verständlichen und pragmatischen Überblick ermöglichen. Diese bieten sich an, um die weitläufige Thematik der interkulturellen Aspekte in einer kompakten und für Ihre berufliche Praxis nützlichen Form behandeln zu können.

Die vier Kulturdimensionen von Edward T. Hall – hier angelehnt an Edward T. Hall und Mildred Reed Hall (2000):

1. Raumverständnis
2. Zeitverständnis
3. Informationsgeschwindigkeit
4. Kontextintensität

Die sechs Kulturdimensionen von Geert Hofstede – hier nach Geert Hofstede, Gert Jan Hofstede und Michael Minkov (2017):

1. Machtdistanz
2. Unsicherheitsvermeidung
3. Individualismus – Kollektivismus
4. Maskulinität – Feminität
5. Langzeitorientierung – Kurzzeitorientierung
6. Genuss – Zurückhaltung

Erläuterungen zu den beiden Ansätzen von Kulturdimensionen. Hierbei erfolgen die Darstellungen weitgehend in Anlehnung an Gabriel Layes (2005):

Die vier Kulturdimensionen nach Edward T. Hall:

1. *Raumverständnis*
   Umfasst die bei zwischenmenschlichen Interaktionen möglichst einzuhaltenden räumlichen Abstände bzw. Distanzzonen. Was dabei als privat, öffentlich, ange-

messen oder unangenehm etc. empfunden wird, unterscheidet sich zwischen den Kulturen. Siehe dazu eventuell die Ausführungen zum Distanzverhalten innerhalb der Darstellungen zum räumlichen Verhalten (Kap. 6.2).

2. *Zeitverständnis*
   Meint, ob in einer Kultur Tätigkeiten bzw. Aufgaben bevorzugt nacheinander vollzogen werden, was mit Zeitplanung und diesbezüglicher Zuverlässigkeit in Verbindung steht. Oder ob es eher üblich ist, mehrere Dinge nebeneinander zu machen, wobei Flexibilität und das Unterscheiden in aktuell wichtig oder weniger wichtig gefordert sind. Darüber hinaus gibt es auch kulturelle Unterschiede darin, das Leben an sich zügiger oder gelassener anzugehen.

3. *Informationsgeschwindigkeit*
   Beinhaltet Gegebenheiten, die in einer Kultur zu einem höheren oder niedrigeren Tempo beim Informationsaustausch führen. Hier sind beispielhafte Aspekte, ob der Informationsfluss eher informell oder formell stattfindet, die Inhalte mehr oder weniger aussagekräftig sind sowie schneller oder langsamer erfasst und verarbeitet werden können.

4. *Kontextintensität*
   Bedeutet, dass sich Kulturen auch dahingehend unterscheiden, ob bei der Kommunikation der Kontext eine schwächere oder stärkere Rolle spielt: Bei geringerem Kontextbezug werden Inhalte direkter und detaillierter an- und ausgesprochen. Dagegen wird dies bei höherem Kontextbezug teilweise dadurch ersetzt, dass Aspekte wie z. B. nonverbale Signale und (vermeintliche) Kenntnisse aufgrund informell weitergegebener Informationen mehr Gewicht erhalten. Hier gestaltet sich das Gesprochene vieldeutiger. Siehe dazu bei Interesse ergänzend die Darstellungen zum 4. Axiom der Kommunikationsaxiome (Kap. 8.9).

Die sechs Kulturdimensionen nach Geert Hofstede:

1. *Machtdistanz*
   Beinhaltet Unterschiede im Hinblick auf die Machtverteilung bzw. den Umgang mit Hierarchie und Autorität etc.: So ist in Kulturen mit größerer Machtdistanz Macht ungleicher verteilt, was akzeptiert wird. Dagegen ist bei kleinerer Machtdistanz die Machtverteilung ausgeglichener, wobei dies hier auch den Erwartungen entspricht.

2. *Unsicherheitsvermeidung*
   Meint, ob in einer Kultur mehr oder weniger als verbindlich betrachtete Regeln, Gesetze usw. vorhanden sind, um Unsicherheit, Ungewissheit und Widersprüche etc. fernzuhalten. Dabei fühlen sich die Mitglieder von Kulturen, in denen Derartiges eher vermieden werden soll, hiervon bedroht und befürworten bzw. dulden Regulierungsmaßnahmen. Demgegenüber stehen Angehörige von Kulturen, innerhalb derer diesbezüglich geringere Vermeidungsbestrebungen vorhanden sind, diesen Dingen gelassener gegenüber und fühlen sich durch zu ausgeprägte Regelsysteme eingeschränkt.

3. *Individualismus – Kollektivismus*
   Bezieht sich auf die (Ein-)Gebundenheit des Einzelnen in Gruppen und Organisationen etc. Dies beinhaltet auch Aspekte wie z. B. das persönliche Streben nach Autonomie oder das gegenseitige Gefühl der Verpflichtung: So verstehen sich Menschen in individualistischeren Kulturen in erster Linie als Einzelpersönlichkeiten, die ihre Angelegenheiten weitgehend eigenständig regeln können und sollen. Dementgegen betrachten sich Angehörige kollektivistischer Kulturen eher als Mitglieder sozialer Gruppen, wobei eine zu große Eigenständigkeit missbilligt würde.

4. *Maskulinität – Feminität*
   Beinhaltet, wie ausgeprägt in einer Kultur männliche bzw. härtere oder weibliche bzw. weichere Verhaltensweisen gelebt und getrennt werden. Es geht also z. B. um Aspekte wie Dominanz, Durchsetzungskraft und Leistungsorientierung auf der einen sowie Unterordnung, Kooperation und Fürsorge auf der anderen Seite. Dabei gibt es Kulturen, in denen eher härtere Verhaltensweisen im Vordergrund stehen, wobei hier auch klarer in typisch männlich und weiblich unterschieden wird. Dagegen orientieren sich andere Kulturen stärker an weicherem Verhalten und trennen zudem weniger nach Geschlechterstereotypen. Siehe dazu bei Interesse ebenfalls die Ausführungen zu den geschlechtsspezifischen Verhaltensweisen im Rahmen der ergänzenden Aspekte (Kap. 6.5) der Körpersprache.

5. *Langzeitorientierung – Kurzzeitorientierung*
   Meint, ob innerhalb einer Kultur in erster Linie lang- oder kurzfristiges Denken vorherrscht, was mit jeweils entsprechendem Verhalten einhergeht: So streben die Mitglieder von langfristiger orientierten Kulturen zukünftige Erfolge an, wobei es z. B. als wichtig betrachtet wird, zu sparen und ausdauernd an Zielerreichungen zu arbeiten. Demgegenüber sind kurzfristiger ausgerichtete Kulturen

eher vergangenheits- und gegenwartsorientiert. Hier ist es z. B. weniger bedeutsam zu sparen, während Traditionen und Freizeit eine größere Rolle spielen.

6. *Genuss – Zurückhaltung*
   Bezieht sich auf unterschiedliche Einstellungen im Hinblick darauf, die eigenen Bedürfnisse (weitgehend ohne Kontrolle durch die Gesellschaft) zu befriedigen: So gibt es Kulturen, in denen es akzeptiert wird, Bedürfnissen freier nachzugehen bzw. diesen nachzugeben. Dementsprechend werden hier Aspekte wie z. B. Spaß und Genuss als eher positiv betrachtet. Dagegen ist es in anderen Kulturen üblich, Bedürfnisse in geringerem Maße auszuleben bzw. diese zu beherrschen. Dem wird durch Normen, Regeln und Gesetze etc. Nachdruck verliehen.

Praktische Ableitungen für Sie:

Sie haben vor dem Hintergrund der hier getätigten Ausführungen die Möglichkeit, die Inhalte dieses Buchs auch in Bezug auf interkulturelle Aspekte zu überdenken bzw. dahingehend für sich anzupassen. Dabei erscheint es für Sie sinnvoll, einige Punkte zu beachten:

- Sie sehen (und bewerten) andere Kulturen nicht neutral, sondern stets aus Ihrer eigenen, kulturell geprägten Perspektive.
- Kulturelle Andersartigkeiten können für Sie subjektiv betrachtet z. B. interessant, gut, sinnvoll, unsinnig, herausfordernd oder nervig sein. Dagegen ist jedoch keine objektive Einteilung in besser oder schlechter etc. möglich, da dies niemand allgemeingültig entscheiden kann.
- Innerhalb einer Kultur gibt es sehr große Unterschiede zwischen einzelnen Menschen.
- Kulturell Ungewohntes führt häufig zu Vertrauenseinbußen. Siehe hierzu bei Interesse weiterführend die Darstellungen zum zwischenmenschlichen Vertrauen (Kap. 4.2) und zum Vertrauen in gesellschaftliche Systeme (Kap. 4.3).
- Konflikte, Streit und Auseinandersetzungen etc. ergeben sich oftmals daraus, dass Menschen lediglich auf das scheinbar unpassende Verhalten anderer reagieren. Dabei könnte das Wissen um die jeweils dahinterliegenden Beweggründe viel zum gegenseitigen Verständnis beitragen. Dies gilt im Rahmen interkultureller Interaktionen ebenso in gewichtigem Maße. Siehe dazu eventuell ergänzend die Ausführungen zum Teufelskreismodell (Kap. 8.2) und zum Thema Konflikt (Kap. 9.3).

Angelehnt an Stefan Müller und Katja Gelbrich (2014) setzt sich interkulturelle Handlungskompetenz, mit Bezug auf Torsten M. Kühlmann und Günter K. Stahl (1998), aus mehreren Aspekten zusammen: So ist es für Sie insbesondere hilfreich, in der Lage zu sein, mit Widersprüchlichkeiten, Unsicher- und Ungewissheiten etc. umzugehen, flexibel zu agieren und zu reagieren sowie hierbei trotzdem Ihr Ziel im Auge zu behalten. Darüber hinaus machen Kontaktfreudigkeit und Einfühlungsvermögen sowie die Fähigkeit, auch schwierige Kommunikationssituationen erfolgreich meistern zu können, ebenfalls vieles einfacher. Wenn das alles noch auf einer inneren Haltung basiert, bei der Sie Ihre eigene Kultur nicht als überlegen oder eine Art Mittelpunkt betrachten, an dem sich die Beteiligten möglichst auszurichten haben, sind Sie hier auf einem guten Weg.

Diese Erläuterungen zu interkulturellen Aspekten umfassen ein breites inhaltliches Spektrum. Sollten Sie sich damit weiter beschäftigen, gestalten sich dabei oder im Rahmen der praktischen Umsetzung eventuell manche Faktoren schwieriger als andere. Hier erscheint es für Sie gegebenenfalls sinnvoll zu überdenken, warum diese Punkte für Sie herausfordernd sind. Bei genauerer Betrachtung steht das oftmals auch mit inneren Überzeugungen, Einstellungen und Blockaden etc. in Verbindung, die sich als Hemmnisse herausstellen. Auf dieser Grundlage haben Sie sodann die Möglichkeit zu überlegen, ob bzw. wie Sie sich dahingehend weiterentwickeln möchten.

Zudem wirken sich bei Ihren interkulturellen Interaktionen ebenso nonverbale Signale in gewichtigem Maße aus, wie diese Beispiele veranschaulichen:

- Falls Sie auf Gesprächspartner aus anderen Kulturen treffen, die für Sie ungewohntes Benehmen zeigen, wie z. B. zu laut zu sprechen, zu intensiv zu betonen oder zu viel zu gestikulieren, sollten Sie bedenken, dass das oftmals, um bei den angeführten Beispielen zu bleiben, kein Ausdruck von Aggression, Ärger oder Wut etc. ist. Reagieren Sie hier also nicht sofort körpersprachlich abwehrend, sondern überdenken Sie, ob es sich eventuell um nonverbale Verhaltensweisen handelt, die für das Kommunizieren in dieser Kultur charakteristisch sind.
- Es erscheint ratsam, dass Sie sich, wenn machbar, über grundlegende körpersprachliche Unterschiede informieren, bevor Sie beruflich mit Menschen aus einer anderen Kultur interagieren. Das betrifft z. B. die Intensität des Blickkontakts sowie das Distanz- und das Statusverhalten. Wenn Sie diesbezüglich bedeutende Punkte beachten bzw. rücksichtsvoll und angepasst handeln, hilft Ihnen das, einen positiveren Eindruck zu machen.

Demzufolge ist es für Sie empfehlenswert, Ihre Körpersprache ebenfalls möglichst bewusst und förderlich einzusetzen. Siehe hierzu bei Interesse zudem die Darstellungen zur Kulturabhängigkeit innerhalb der ergänzenden Aspekte (Kap. 6.5) der Körpersprache.

Diese allgemeinen Ausführungen zu interkulturellen Aspekten können Sie in angepasster Form auch gut auf Unternehmens- und Organisationskulturen etc. übertragen.

10 Sich entwickeln – erkennen und entfalten

Mögliche Herangehensweisen zur eigenen Weiterentwicklung in Bezug auf Ihr Auftreten und Ihr Kommunizieren finden Sie in diesem Buch bereits innerhalb vieler Thematiken mehr oder weniger detailliert dargestellt vor. Dabei wurde aufgrund der hohen Zahl entsprechender Anmerkungen und Erläuterungen darauf verzichtet, stets auf die hier getätigten umfangreicheren Ausführungen zu verweisen. Das erscheint sinnvoll, um zu viele Wiederholungen zu vermeiden.

Umgekehrt betrachtet lassen sich die nachfolgenden Darstellungen zum Thema Weiterentwicklung direkt oder angepasst auf nahezu alle Inhalte dieses Buchs anwenden. Deshalb sind hier ebenfalls keine detaillierten Verweise zu einzelnen beispielhaft angeführten Themen eingefügt.

Wenn Sie sich in einem von Ihnen gewünschten Bereich verändern möchten, können Sie in bekannter Weise verfahren: Sie verschaffen sich einen Überblick über den derzeitigen Stand, legen Ihr Ziel fest und planen Ihr Vorgehen. Anschließend machen Sie sich an die Umsetzung, wobei Sie in der Regel auf einige Hürden treffen, die es zu bewältigen gilt.

Hierfür bieten Ihnen die nachfolgend behandelten vier Thematiken der Standortbestimmung, der Zielsetzung, der Umsetzungswege sowie der Hindernisse detailliertere Orientierung. Davon ausgehend haben Sie die Möglichkeit, angepasst an Ihren Veränderungswunsch, Ihre individuelle Situation und Ihre Persönlichkeit, Ihren eigenen Weg zu beschreiten.

Dabei finden diese anschließend beschriebenen vier Aspekte bzw. Schritte nicht klar voneinander getrennt statt. Vielmehr gehen sie ineinander über oder laufen für verschiedene Veränderungsthemen zeitversetzt-parallel ab. Überdies handelt es sich für Sie meist nicht um einen einmaligen Prozess, sondern um einen mehrmaligen Kreislauf. Damit ist gemeint, dass Sie in der Regel nach einiger Zeit des Umsetzens Ihren derzeitigen Stand und das bisher Erreichte wieder überdenken sowie anschließend Ihr Ziel und Ihre Herangehensweise anpassen etc.

Mit Blick darauf, sich bei Ihrem überzeugenden Auftreten und Kommunizieren in eine bestimmte Richtung weiterzuentwickeln, erscheint es für Sie zudem sinnvoll, sich einige grundlegende Punkte zu vergegenwärtigen:

- Es ist für Sie in jeder der vier nachfolgend behandelten Phasen Ihres Entwicklungsvorhabens möglich, für sich allein sowie mit der Unterstützung anderer und/oder begleitet von Fachleuten bzw. einem Coach an sich zu arbeiten und Fortschritte zu machen.
- Die für Sie passende Herangehensweise hängt von Ihrem Ziel, der Komplexität der Veränderungsthematik, Ihren Vorlieben, dem zeitlichen und finanziellen Aufwand, den Sie hierfür betreiben möchten bzw. können, sowie der beabsichtigten Qualität des Ergebnisses ab.
- Dabei sollten Sie stets Verbesserung und nicht Perfektion anstreben, um Dinge wie unnötigen Druck, vorprogrammiertes Scheitern sowie unnatürlich und antrainiert wirkendes Verhalten zu vermeiden.

10.1 Standortbestimmung – Selbst- und Fremdbild

Das sogenannte Johari-Fenster ist auf Joseph Luft und Harry Ingham (1955) zurückzuführen und verdeutlicht Ihnen Aspekte zum Selbst- und zum Fremdbild. In Anlehnung an ein Fenster mit einem Fensterkreuz und vier Glasscheiben werden vier Bereiche unterschieden, die jedoch ungleich groß sind. Dabei differenziert der Ansatz, bezogen auf die eigene Person, danach, was einem selbst und was anderen Menschen je bekannt und unbekannt ist.

Die vier Bereiche des Johari-Fensters sind häufig in dieser Form angeführt:

1. Öffentliche Person
2. Private Person
3. Blinder Fleck
4. Unbekanntes

Erläuterungen zu den vier Bereichen des Johari-Fensters:

1. *Öffentliche Person*
   Einem selbst und anderen bekannt – offen Gezeigtes
   Z. B.: das Erscheinungsbild, bestimmte Handlungsmotive und Wertvorstellungen

2. *Private Person*
   Einem selbst bekannt und anderen unbekannt – verborgen Gehaltenes
   Z. B.: wunde Punkte und heimliche Wünsche

3. *Blinder Fleck*
   Einem selbst unbekannt und anderen bekannt – nur von außen Wahrgenommenes
   Z. B.: bestimmte Verhaltensweisen, Eigenschaften und Merkmale

4. *Unbekanntes*
   Einem selbst und anderen unbekannt – Unbewusstes
   Z. B.: verborgene Begabungen und verdrängte Erfahrungen

Hierbei soll die öffentliche Person (1. Bereich) möglichst ausgeweitet werden, was auf zwei Weisen geschehen kann:

- Zum einen vergrößert das Mitteilen von (privaten) Informationen die öffentliche Person (1. Bereich), was zugleich die private Person (2. Bereich) verkleinert.
- Zum anderen erweitert (das Einholen von) Feedback die öffentliche Person (1. Bereich), was zugleich den blinden Fleck (3. Bereich) verringert.

Vor diesem Hintergrund entzieht sich das Unbekannte (4. Bereich) derartig direktem Einfluss.

Praktische Ableitungen für Sie:

Um sich in einem bestimmten Aspekt Ihres Auftretens und Kommunizierens gezielt weiterzuentwickeln, ist es für Sie zu Beginn ratsam, sich einen dahingehenden Überblick über Ihren aktuellen Stand zu verschaffen.

Falls Sie die Möglichkeit haben, zu Ihrer gewünschten Veränderungsthematik einen geeigneten Fragebogen zu bearbeiten und auszuwerten, können Sie das für sich nutzen. Auch sich selbst zu filmen und dies anschließend für sich zu analysieren, ist bei dafür geeigneten Entwicklungsthemen ein gewinnbringendes Vorgehen.

Für die praxisorientierte Entwicklung in eine angestrebte Richtung erscheint jedoch in den meisten Fällen die geeignetste Herangehensweise, Ihren derzeitigen Stand über einen Abgleich von Selbst- und Fremdbild zu ermitteln.

Dazu stimmen Sie Ihre eigene Sicht der Dinge mit der anderer Personen ab und legen so Ihren Ausgangsstatus fest. Die Fremdeinschätzung erhalten Sie, indem Sie mehrere Menschen aus Ihrem Umfeld danach fragen. Achten Sie dabei darauf, Personen auszuwählen, die Sie hinsichtlich der angedachten Thematik beschreiben können und Ihnen zudem ehrlich Rückmeldung geben.

Hierzu noch einige ergänzende Ausführungen anhand der vier Bereiche des Johari-Fensters:

1. *Öffentliche Person*
   Über Dinge, die sowohl Ihnen selbst als auch Ihrem Umfeld bekannt sind, können Sie sich gut mit anderen Menschen austauschen, um durch einen Abgleich von Selbst- und Fremdbild mehr Klarheit zu erlangen.

2. *Private Person*
   Falls Sie die Meinungen anderer zu Aspekten von sich hören möchten, die diesen unbekannt sind, müssten Sie sich dahingehend öffnen. Auf dieser Grundlage könnte dann ein weiterer Austausch stattfinden, der Ihnen gegebenenfalls neue Sichtweisen und Denkrichtungen etc. aufzeigt.

3. *Blinder Fleck*
   Da Ihnen die Inhalte dieses Bereichs selbst nicht bekannt sind, können Sie gerade hier enorm von den Rückmeldungen anderer Menschen profitieren.

4. *Unbekanntes*
   Über Aspekte, die sowohl Ihnen selbst als auch den anderen unbekannt sind, lassen sich allenfalls Mutmaßungen anstellen. Diese sind jedoch kein geeigneter Ausgangspunkt für Ihre gezielte und bewusste Weiterentwicklung.

10.2 Zielsetzung – wohin es geht

Der im Folgenden, angelehnt an George T. Doran (1981), behandelte SMART-Ansatz bietet Ihnen Orientierung für das Festlegen von Zielen. Er wird häufig in der hier angeführten Weise dargestellt, wonach ein Ziel in dieser Art gestaltet sein soll:

S - spezifisch
M - messbar
A - attraktiv
R - realistisch
T - terminiert

Dabei können Sie mit einer an diesen Kriterien ausgerichteten Zielsetzung die Wahrscheinlichkeit erhöhen, Ihr Ziel auch zu erreichen.

Praktische Ableitungen für Sie:

Achten Sie im Rahmen Ihrer Zielfestlegungen darauf, sich nicht zu viele unterschiedliche Veränderungsbereiche und Ziele auf einmal vorzunehmen. Es ist wichtig, dass Ihre angestrebte Weiterentwicklung in Ihr berufliches und privates Leben passt. Ansonsten sind Überforderung und Scheitern vorhersehbar.

Wenn Sie sich Ziele setzen, erscheint es ratsam, die Kriterien des SMART-Ansatzes, soweit für das jeweilige Entwicklungsziel anwendbar und sinnvoll, mit zu bedenken:

- *S - spezifisch*
  Ein individuell und konkret auf Sie und Ihre angestrebte Weiterentwicklung zugeschnittenes Ziel, lässt sich entsprechend zielgerichtet umsetzen.
- *M - messbar*
  Bei einem nachprüf- und vergleichbaren Ziel können Sie feststellen, wann und in welcher Qualität Sie dieses erreicht haben.
- *A - attraktiv*
  Ist Ihr Ziel in Ihren Augen angemessen, bedeutsam und anspruchsvoll etc., werden Sie es motivierter verfolgen, da es für Sie einen Wert hat und Ihnen Nutzen bringt.
- *R - realistisch*
  Durch ein (zwar hohes, aber) mit Ihren Möglichkeiten und Mitteln erreichbares Ziel wirken Sie absehbarem Misserfolg entgegen.
- *T - terminiert*
  Das Festlegen eines Zeitpunkts, zu dem Sie Ihr Ziel erreicht haben wollen oder müssen, spornt Sie an und erschwert Ausflüchte.

Bei großen, komplexen, langfristigen etc. Zielen ist es für Sie vorteilhaft, jeweils Teilziele zu formulieren. Diese lassen sich leichter erfassen und besser umsetzen. Das wiederum bringt Erfolgserlebnisse und fördert Ihre Motivation.

Zudem ist es eine gute Herangehensweise, sich Ihre Ziele und Teilziele aufzuschreiben bzw. zu visualisieren und von Zeit zu Zeit vor Augen zu führen. So bleiben Ihre Zielsetzungen präsenter, was sich ebenfalls positiv auf Ihre Umsetzungsmotivation auswirkt.

10.3 Umsetzungswege – Möglichkeiten und Methoden

Um Ihr überzeugendes Auftreten und Kommunizieren zu fördern, ist es sinnvoll, sich dahingehend z. B. anhand von Büchern und Internetbeiträgen zu informieren. Dies kann bereits dazu führen, einzelne Aspekte bewusst oder unbewusst umzusetzen. Das gilt umso mehr, je besser die Inhalte verstanden und verinnerlicht wurden.

Da sich große Teile Ihres Verhaltens über lange Zeiträume herausgebildet und verfestigt haben, erscheint es zudem gewinnbringend, auch Übungen zur Weiterentwicklung zu nutzen. Dabei sind mit »Übungen« Herangehensweisen gemeint, die sowohl eher reflexions- als auch handlungsorientiert ausgerichtet sein können. Hier gilt es für Sie darauf zu achten, dass es sich insbesondere bei komplexeren Veränderungsthemen um einen längeren Prozess handelt, der interessant gestaltet sein und Freude machen soll.

Dazu kann vereinfachend festgestellt werden, dass es meist schneller möglich ist, mit Tipps und Hinweisen von außen an nonverbalen Aspekten zu arbeiten, als die Psyche und die Körpersprache mit von innen wirkenden Methoden zu entwickeln. Überdies ist es häufig angebracht, von innen und außen einzuwirken.

Praktische Ableitungen für Sie:

Grundlegend betrachtet können Sie entweder außerhalb Ihrer Arbeitstätigkeit üben und das Trainierte zu einem späteren Zeitpunkt in Ihren Beruf einbringen. Oder Sie üben im Rahmen Ihrer beruflichen Tätigkeit und wenden die Trainingsinhalte so gleichzeitig an. Was Sie hier bevorzugen, sollte sich an der Veränderungsthematik, Ihren persönlichen Vorlieben, dem eventuellen Wunsch nach einem geschützten

Übungsumfeld, dem jeweils erwarteten Umsetzungserfolg, den situativen Möglichkeiten etc. ausrichten. Zudem lassen sich diese beiden Ansätze auch verbinden:

- *Übungsmöglichkeiten außerhalb Ihrer beruflichen Tätigkeit, z. B.:*
  - Reflektieren Sie anhand der Inhalte dieses Buchs nach und nach Ihre Entwicklungserfahrungen, Ihr Selbst- und zwischenmenschliches Vertrauen, Ihre inneren Anteile, Antreiber und Grundeinstellungen, Ihre Körpersprache, Ihre Kommunikation und Ihr Verhalten im Beruf etc.
    Diese Art der Auseinandersetzung mit Ihrer eigenen Person lässt Sie sich Ihrer selbst bewusster werden. Das wird sich auch auf Ihr berufliches Auftreten und Kommunizieren auswirken. Darüber hinaus haben Sie dadurch die Möglichkeit, etwaige einschränkende Aspekte zu mindern bzw. diese aufzulösen.
  - Orientieren Sie sich an Übungen aus den Bereichen Selbstreflexion, -vertrauen, -sicherheit und -bewusstsein sowie Auftreten und Kommunikation etc. Diese sind einzeln oder als kleine Zusammenstellungen z. B. in sehr praktisch angelegten Büchern und Internetbeiträgen zu finden. Achten Sie hierbei allerdings darauf, ob Sie das dort Beschriebene jeweils für sich als sinnvoll und gewinnbringend einschätzen.
  - Filmen Sie sich hin und wieder selbst bei geeigneten Übungen. Dies ermöglicht Ihnen einen direkteren Blick auf sich und Ihr Verhalten. Das lässt sich dann als Grundlage für Ihr weiteres Training nutzen.
  - Besuchen Sie geeignete Seminare bei professionellen Anbietern. Dabei können Sie sich, angeleitet von einem fachkundigen Trainer, mit Gleichgesinnten austauschen. Zudem haben Sie die Möglichkeit, miteinander zu üben und voneinander zu lernen. Hier erhalten Sie überdies konstruktives Feedback sowie individuelle Tipps und Anregungen, um das Gelernte weiter zu vertiefen, zu verfestigen und umzusetzen.
  - Lassen Sie sich von einem qualifizierten Coach oder vielleicht auch von einem ausgebildeten Therapeuten bei Ihrem Entwicklungsthema unterstützen und begleiten. Hierbei stehen allein Ihre eigenen Anliegen im Fokus. Diese werden unter vier Augen besprochen und verschwiegen behandelt.

- *Übungsmöglichkeiten innerhalb Ihrer beruflichen Tätigkeit, z. B.:*
  - Im Prinzip können Sie bei allen dafür geeigneten beruflichen Gelegenheiten, wie beispielsweise bei Reden und Präsentationen sowie Verhandlungs-, Verkaufs- und Führungsgesprächen, an bestimmten Aspekten Ihres überzeugenden Auftretens und Kommunizierens arbeiten bzw. diese üben. Das ist für

Sie umso gewinnbringender, wenn Sie im Einzelfall zudem die Möglichkeit haben, sich ehrliches Feedback einzuholen.

- Neben dem Üben in der eigentlichen Situation liegt auch im regelmäßigen Vor- und Nachbereiten von Interaktionen ein großes Entwicklungspotenzial. Dabei beschäftigen Sie sich im Rahmen Ihrer Vorbereitung bereits mit den anderen Personen, dem möglichen Ablauf und eventuell eintretenden Herausforderungen etc. sowie damit, wie Sie sich jeweils diesbezüglich verhalten könnten. Das lässt Sie in der Regel erfolgreicher auftreten und kommunizieren, wobei zudem der Übungseffekt intensiviert wird.
  Die Übungswirkung verstärken Sie dann nochmals mit Ihrer Nachbereitung. Hier reflektieren Sie, was gut gelaufen ist und was Sie beim nächsten Mal anders oder besser machen würden bzw. werden. Diese Auseinandersetzung bringt Ihnen wertvolle Erkenntnisse, die Sie für Ihre weitere Entwicklung nutzen können. Überdies fördern Sie so in bedeutendem Maße Ihren Umsetzungserfolg.
- Interaktionen mit Ihnen unbekannten Personen bieten meist bessere Übungsgelegenheiten als mit Ihnen bekannten Menschen. Der Grund dafür ist, dass Fremde in der Regel nicht erkennen, dass Sie trainieren bzw. sich gerade anders verhalten als bisher. Kollegen, Geschäftspartnern, Kunden und Lieferanten wird das viel eher auffallen, was zu Kommentaren führen kann, die Sie verunsichern bzw. demotivieren.
  Falls Sie die Möglichkeit dazu haben, können Sie also geeignete einzelne Thematiken jeweils zu Beginn mit Fremden üben und dieses Vorgehen später, wenn Sie bereits etwas sicherer geworden sind, auf Bekannte ausweiten. Diese Herangehensweise ist auf viele Veränderungsthemen, z. B. aus den Bereichen Körpersprache, Kommunikation, Beziehungs- und Vertrauensaufbau sowie innere Einstellung, anwendbar.
- Im beruflichen Kontext können Sie sich auch an Personen orientieren, die bestimmte Thematiken Ihrer Ansicht nach sehr gut handhaben. Hierbei geht es nicht darum, jemanden exakt zu kopieren, sondern um zusätzliche Ausrichtungshilfe und Bereicherung für Ihr Verhalten sowie Ihr eigenes Umsetzen in der Praxis.
- Ein ebenfalls gewinnbringender Ansatz ist für Sie, sich von einem qualifizierten Coach direkt im Rahmen Ihrer Arbeitstätigkeit bei der Umsetzung individuell unterstützen und begleiten zu lassen.

10.4 Hindernisse – wahrnehmen und überwinden

Auf dem Weg der gewollten und geplanten Weiterentwicklung in eine gewünschte Richtung treten häufig auch Hindernisse und Schwierigkeiten auf. Diese können von außen auf Sie einwirken oder aus Ihnen selbst herrühren. Dabei sind die zwei Ursachenbereiche miteinander verbunden und wirken aufeinander ein.

In dem Zusammenhang soll diese grobe Unterteilung verschiedener Beispiele dem Verständnis der beiden Bereiche dienen:

- *Äußere Hindernisse, z. B.:*
  - Arbeitsbelastung, Zeitdruck und Stress
  - Mangelnde Übungsgelegenheiten in der beruflichen Praxis
  - Rückschläge, Misserfolge und schlecht laufende Kommunikationen
  - Umfeld ist (bewusst oder unbewusst) gegen Entwicklung
  - Negatives Feedback
- *Innere Hindernisse, z. B.:*
  - Unsicherheit, Zweifel und Lampenfieber
  - Übergang vom Üben zum Anwenden fällt schwer
  - Überforderungsgefühle
  - Motivation und Durchhaltewille schwinden

Praktische Ableitungen für Sie:

Wenn Sie auf Hindernisse und Schwierigkeiten treffen, erscheint es ratsam, die vorliegenden Gegebenheiten und Ursachen, soweit machbar, zu analysieren und daraufhin nach einer jeweils passenden Lösung zu suchen. Anschließend führen Sie den Entwicklungsprozess in mehr oder minder veränderter Form weiter.

Vor diesem Hintergrund dienen Ihnen diese beispielhaften Hinweise als Orientierung zur Vorbeugung und Lösungsfindung:

- Stellen Sie Ihre Weiterentwicklung nicht zu sehr in den Vordergrund, sondern verfolgen Sie diese eher konstant und begleitend im Rahmen Ihrer beruflichen Möglichkeiten. Ansonsten besteht die Gefahr, dass der Entwicklungsprozess zu viel Aufmerksamkeit und Kraft beansprucht und Sie ihn deshalb nicht langfristig genug verfolgen.
- Zeigen Sie gesunde Hartnäckigkeit. Das zahlt sich, eventuell in Verbindung mit dem Anpassen Ihrer Zielsetzung und/oder des Umsetzungswegs, meist für Sie aus.

- Bearbeiten Sie gegebenenfalls einschränkende innere Antreiber und Grundeinstellungen etc., um mehr Freiheit und Handlungsspielraum zu erlangen.
- Gehen Sie in Ihrer Vorstellung mehrfach durch, wie Sie eine herausfordernde Situation gekonnt bewältigen, und fördern Sie durch diesen inneren Erfolgsfilm Ihre diesbezügliche positive Haltung.
- Suchen Sie den Rat und die Unterstützung von anderen Menschen bzw. von Fachleuten.
- Verdeutlichen Sie sich und Ihrem Umfeld die jeweiligen Nutzen Ihrer Weiterentwicklung. Damit fördern Sie Ihre Motivation und die Akzeptanz der anderen.
- Verändern Sie, soweit machbar, beeinträchtigende äußere Rahmenbedingungen. Das bedeutet häufig einen Energieaufwand, der jedoch dazu beiträgt, den Weg zu Ihren Entwicklungszielen freier zu machen.
- Setzen Sie sogenannten Teufelskreisen und Negativspiralen ein Ende:
  In diesen Fällen bedingen und/oder verstärken sich zwei oder mehr Umstände kontinuierlich gegenseitig zum Schlechteren. Versuchen Sie, hier Abstand zu gewinnen und das Geschehen im übertragenen Sinn von oben herab zu betrachten, um sich einen Überblick zu verschaffen.
  Wenn Sie den dahinterliegenden Mechanismus erkannt haben, lösen Sie diesen möglichst für sich auf oder verdeutlichen Sie gegebenenfalls den Beteiligten, was geschieht und welche positiven Folgen eine Auflösung hat.
- Versuchen Sie, bei unveränderlichen Hindernissen und Schwierigkeiten jeweils das Gute im Schlechten zu sehen. Damit ist gemeint, dass Sie überlegen, was Ihnen diese negative Gegebenheit bringt, was Sie davon lernen können, wie Sie das stärker macht etc. Auf diese Weise haben Sie die Möglichkeit, auch aus derartigen Situationen noch etwas Positives für sich und Ihre Entwicklung zu ziehen.

Literaturverzeichnis

Albs, Norbert (2005): Wie man Mitarbeiter motiviert – Motivation und Motivationsförderung im Führungsalltag. Berlin.

Allhoff, Dieter-W. & Allhoff, Waltraud (2016): Rhetorik & Kommunikation – Ein Lehr- und Übungsbuch. 17. Aufl., München.

Ameln, Falko von & Kramer, Josef (2014): Psychodrama – Grundlagen. 3. Aufl., Berlin.

Argyle, Michael (2013): Körpersprache & Kommunikation – Nonverbaler Ausdruck und soziale Interaktion. 10. Aufl., Paderborn.

Bänsch, Axel (2013): Verkaufspsychologie und Verkaufstechnik. 9. Aufl., München.

Birkenbihl, Vera F. (2001): Erfolgstraining – Schaffen Sie sich Ihre Wirklichkeit selbst! 12. Aufl., Landsberg am Lech.

Birkenbihl, Vera F. (2016): Signale des Körpers – Körpersprache verstehen. 25. Aufl., München.

Bowlby, John (2018): Trennung – Angst und Zorn. 2. Aufl., München.

Brockhausredaktion (2006): Körpersprache. In: F.A. Brockhaus GmbH; Bibliographisches Institut & F.A. Brockhaus AG (Hrsg.): Brockhaus-Enzyklopädie – In 30 Bänden. Band 15, 21. Aufl., Leipzig, S. 582.

Brügge, Walburga & Mohs, Katharina (2019): Therapie funktioneller Stimmstörungen – Übungssammlung zu Körper, Atem, Stimme. 8. Aufl., München.

Doran, George T. (1981): There's a S.M.A.R.T. way to write management's goals and objectives. Management Review, 70, 35–36.

Drach, Erich (1926): Die redenden Künste. Leipzig.

Dusay, John M. (1977): Egograms – How I see you and you see me. New York.

Eckert, Hartwig (2011): Atmung und Stimme. In: Pabst-Weinschenk, Marita (Hrsg.): Grundlagen der Sprechwissenschaft und Sprecherziehung. 2. Aufl., München, S. 21–32.

Eckes, Thomas (1991): Psychologie der Begriffe – Strukturen des Wissens und Prozesse der Kategorisierung. Göttingen.

Eibl-Eibesfeldt, Irenäus (2004): Die Biologie des menschlichen Verhaltens – Grundriss der Humanethologie. Sonderausgabe. 5. Aufl., Vierkirchen.

Erikson, Erik H. (1966): Wachstum und Krisen der gesunden Persönlichkeit. Sonderausgabe. Nachdruck. Stuttgart.

Erikson, Erik H. (2016): Der vollständige Lebenszyklus. 9. Aufl., Frankfurt am Main.

Erikson, Erik H. (2017): Identität und Lebenszyklus – Drei Aufsätze. 28. Aufl., Frankfurt am Main.

Fisher, Roger & Ury, William & Patton, Bruce (2013): Das Harvard-Konzept – Der Klassiker der Verhandlungstechnik. 24. Aufl., Frankfurt am Main.

Geulen, Dieter & Hurrelmann, Klaus (1980): Zur Programmatik einer umfassenden Sozialisationstheorie. In: Hurrelmann, Klaus & Ulich, Dieter (Hrsg.): Handbuch der Sozialisationsforschung. Weinheim, S. 51–67.

Hall, Edward T. (1966): The Hidden Dimension. Garden City. (Deutsche Übersetzung [1976]: Die Sprache des Raumes. Düsseldorf.)

Hall, Edward T. & Hall, Mildred Reed (2000): Understanding Cultural Differences – Germans, French and Americans. Boston.

Hammer, Sabine S. (2012): Stimmtherapie mit Erwachsenen – Was Stimmtherapeuten wissen sollten. 5. Aufl., Berlin.

Harris, Thomas A. (2019): Ich bin o. k., Du bist o. k. – Wie wir uns selbst besser verstehen und unsere Einstellung zu andern verändern können – Eine Einführung in die Transaktionsanalyse. 52. Aufl., Hamburg.

Heilmann, Christa M. (2011): Körpersprache – Richtig verstehen und einsetzen. 2. Aufl., München.

Hennig, Gudrun & Pelz, Georg (2007): Transaktionsanalyse – Lehrbuch für Therapie und Beratung. 2. Aufl., Paderborn.

Hofstede, Geert & Hofstede, Gert Jan & Minkov, Michael (2017): Lokales Denken, globales Handeln – Interkulturelle Zusammenarbeit und globales Management. 6. Aufl., München.

Johnstone, Keith (2014): Theaterspiele – Spontaneität, Improvisation und Theatersport. 9. Aufl., Berlin.

Johnstone, Keith (2018): Improvisation und Theater. 14. Aufl., Berlin.

Kälin, Karl & Müri, Peter (2015): Sich und andere führen – Psychologie für Führungskräfte, Mitarbeiterinnen und Mitarbeiter. 16. Aufl., Bern.

Klein, Susanne (2010): Wenn die anderen das Problem sind – Konfliktmanagement, Konfliktcoaching, Konfliktmediation. 3. Aufl., Offenbach.

Krumboltz, John D. & Potter, Beverly (1980): Verhaltenstherapeutische Techniken für die Entwicklung von Vertrauen, Kohäsion und Zielorientierung in Gruppen. In: Grawe, Klaus (Hrsg.): Verhaltenstherapie in Gruppen. München, S. 56–65.

Kühlmann, Torsten M. & Stahl, Günter K. (1998): Diagnose interkultureller Kompetenz – Entwicklung und Evaluierung eines Assessment Centers. In: Barmeyer, Christoph I. & Bolten, Jürgen (Hrsg.): Interkulturelle Personalorganisation. Berlin, S. 213–224.

Laufer, Hartmut (2018): Grundlagen erfolgreicher Mitarbeiterführung – Führungspersönlichkeit, Führungsmethoden, Führungsinstrumente. 18. Aufl., Offenbach.

Layes, Gabriel (2005): Kulturdimensionen. In: Thomas, Alexander & Kinast, Eva-Ulrike & Schroll-Machl, Sylvia (Hrsg.): Handbuch Interkulturelle Kommunikation und Kooperation – Band 1: Grundlagen und Praxisfelder. 2. Aufl., Göttingen, S. 60–73.

Lewin, Kurt & Lippitt, Ronald & White, Ralph K. (1939): Patterns of aggressive behavior in experimentally created »social climates«. The Journal of Social Psychology, 10, 271–299.

Luft, Joseph & Ingham, Harry (1955): The Johari window, a graphic model of interpersonal awareness. Proceedings of the Western Training Laboratory in Group Development, UCLA. Los Angeles.

Luhmann, Niklas (2014): Vertrauen – Ein Mechanismus der Reduktion sozialer Komplexität. 5. Aufl., Konstanz.

Meyers Lexikonredaktion (1986): Körpersprache. In: Bibliographisches Institut (Hrsg.): Meyers großes Universal-Lexikon – In 15 Bänden mit Atlasband und 4 Ergänzungsbänden. Band 17, Mannheim, S. 1559.

Mienert, Malte (2010): Vertrauen im Jugendalter. In: Schweer, Martin K.W. (Hrsg.): Vertrauensforschung 2010 – A State of the Art. Frankfurt am Main, S. 27–40.

Molcho, Samy (2001): Alles über Körpersprache – Sich selbst und andere besser verstehen. Sonderausgabe. 6. Aufl., München.

Müller, Jeanette Hedwig (2009): Vertrauen und Kreativität – Zur Bedeutung von Vertrauen für diversive AkteurInnen in Innovationsnetzwerken. Europäische Hochschulschriften: Reihe 22, Soziologie: Vol. 432. Frankfurt am Main.

Müller, Stefan & Gelbrich, Katja (2014): Interkulturelle Kommunikation. München.

Pabst-Weinschenk, Marita (2009): Reden im Studium – Ein Trainingsprogramm. Neu-Aufl., Alpen.

Pabst-Weinschenk, Marita (2011a): Hörverstehen und Sprechdenken. In: Pabst-Weinschenk, Marita (Hrsg.): Grundlagen der Sprechwissenschaft und Sprecherziehung. 2. Aufl., München, S. 58–82.

Pabst-Weinschenk, Marita (2011b): Sprechbildung. In: Pabst-Weinschenk, Marita (Hrsg.): Grundlagen der Sprechwissenschaft und Sprecherziehung. 2. Aufl., München, S. 15–20.

Pabst-Weinschenk, Marita (2014): Die Sprechwerkstatt – Sprech- und Stimmbildung in der Schule. Nachdruck. Braunschweig.

Petermann, Franz (2013): Psychologie des Vertrauens. 4. Aufl., Göttingen.

Riemann, Fritz (1961): Grundformen der Angst – Und die Antinomien des Lebens. München.

Rosenstiel, Lutz von (2002): Mitarbeiterführung in Wirtschaft und Verwaltung – Anstöße zur Ermutigung. Bayerisches Staatsministerium für Arbeit und Sozialordnung, Familie und Frauen (Hrsg.). 3. Aufl., München.

Rothmeier, Rosemarie C. & Dixon, David N. (1980): Trustworthiness and influence – A reexamination in an extended counseling analogue. Journal of Counseling Psychology, 27(4), 315–319.

Ruch, Floyd L. & Zimbardo, Philip G. (1974): Lehrbuch der Psychologie – Eine Einführung für Studenten der Psychologie, Medizin und Pädagogik. Berlin.

Rückle, Horst (2000): Körpersprache für Manager. 3. Aufl., Landsberg am Lech.

Rüttinger, Rolf (2018): Transaktions-Analyse. 12. Aufl., Hamburg.

Schindler, Raoul (1971): Die Soziodynamik in der therapeutischen Gruppe. In: Heigl-Evers, Annelise (Hrsg.): Psychoanalyse und Gruppe. Göttingen, S. 21–32.

Schindler, Raoul (1973): Das Verhältnis von Soziometrie und Rangordnungsdynamik. In: Heigl-Evers, Annelise (Hrsg.): Gruppendynamik. Göttingen, S. 30–36.

Schranner, Matthias (2013): Der Verhandlungsführer – Taktiken, die zum Erfolg führen. Salzburg.

Schranner, Matthias (2015): Verhandeln im Grenzbereich – Strategien und Taktiken für schwierige Fälle. 12. Aufl., München.

Schulz von Thun, Friedemann (2019a): Miteinander reden 1 – Störungen und Klärungen – Allgemeine Psychologie der Kommunikation. 56. Aufl., Reinbek.

Schulz von Thun, Friedemann (2019b): Miteinander reden 2 – Stile, Werte und Persönlichkeitsentwicklung – Differenzielle Psychologie der Kommunikation. 38. Aufl., Reinbek.

Schweer, Martin K.W. (1996): Vertrauen in der pädagogischen Beziehung. Bern.

Schweer, Martin K.W. (1997a): Eine differentielle Theorie interpersonalen Vertrauens – Überlegungen zur Vertrauensbeziehung zwischen Lehrenden und Lernenden. Psychologie in Erziehung und Unterricht, 44, 2–12.

Schweer, Martin K.W. (1997b): Vertrauensaufbau und soziale Interaktion zwischen Lehrenden und Lernenden. In: Schweer, Martin K.W. (Hrsg.): Interpersonales Vertrauen – Theorien und empirische Befunde. Opladen, S. 203–216.

Schweer, Martin K.W. (2010): Vertrauen in Erziehungs- und Bildungsprozessen. In: Schweer, Martin K.W. (Hrsg.): Vertrauensforschung 2010 – A State of the Art. Frankfurt am Main, S. 151–172.

Schweer, Martin K.W. (2017): Vertrauen im Klassenzimmer. In: Schweer, Martin K.W. (Hrsg.): Lehrer-Schüler-Interaktion – Inhaltsfelder, Forschungsperspektiven und methodische Zugänge. 3. Aufl., Wiesbaden, S. 523–545.

Schweer, Martin K.W. & Thies, Barbara (2003): Vertrauen als Organisationsprinzip – Perspektiven für komplexe soziale Systeme. Bern.

Schweer, Martin K.W. & Thies, Barbara (2005): Vertrauen durch Glaubwürdigkeit – Möglichkeiten der (Wieder-)Gewinnung von Vertrauen aus psychologischer Perspektive. In: Dernbach, Beatrice & Meyer, Michael (Hrsg.): Vertrauen und Glaubwürdigkeit – Interdisziplinäre Perspektiven. Wiesbaden, S. 47–63.

Schweer, Martin K.W. & Thies, Barbara (2008): Vertrauen. In: Auhagen, Ann Elisabeth (Hrsg.): Positive Psychologie – Anleitung zum »besseren« Leben. 2. Aufl., Weinheim, S. 136–149.

Thomann, Christoph & Schulz von Thun, Friedemann (2019): Klärungshilfe 1 – Handbuch für Therapeuten, Gesprächshelfer und Moderatoren in schwierigen Gesprächen. 9. Aufl., Reinbek.

Thomas, Alexander (2005): Kultur und Kulturstandards. In: Thomas, Alexander & Kinast, Eva-Ulrike & Schroll-Machl, Sylvia (Hrsg.): Handbuch Interkulturelle Kommunikation und Kooperation – Band 1: Grundlagen und Praxisfelder. 2. Aufl., Göttingen, S. 19–31.

Tillmann, Klaus-Jürgen (2017): Sozialisationstheorien – Eine Einführung in den Zusammenhang von Gesellschaft, Institution und Subjektwerdung. 2. Aufl., Reinbek.

Watzlawick, Paul & Beavin, Janet H. & Jackson, Don D. (2017): Menschliche Kommunikation – Formen, Störungen, Paradoxien. 13. Aufl., Bern.

Wiegand, Jürgen (2005): Handbuch Planungserfolg – Methoden, Zusammenarbeit und Management als integraler Prozess. Zürich.

Wirtz, Markus A. & Strohmer, Janina (2020): Psychologie als Wissenschaft des Erlebens und Verhaltens – Inhalte, Struktur, Systematik. In: Wirtz, Markus A. (Hrsg.): Dorsch – Lexikon der Psychologie. 19. Aufl., Bern, S. 15–23.

Woollams, Stan & Brown, Michael (1978): Transactional Analysis – A modern and comprehensive text of TA theory and practice. Dexter.

Autor und Kontakt

Dr. Frank Becher

Ausbildung, Verkaufstätigkeit und Führungsposition im Handel; Diplom-Sozialpädagoge (FH); Master of Arts, Speech Communication and Rhetoric, M.A.; Dr. phil., Bildungswissenschaften

RKKB-Leitung: Rhetorik, Körpersprache, Kommunikationspsychologie im Beruf; Trainer, Berater und Coach für Wirtschaft und Politik sowie diverse geleistete Lehrtätigkeiten an Hochschulen und Universitäten

Über die in diesem Buch behandelten psychologischen und körpersprachlichen Inhalte hinaus gibt es für Ihr bewusstes und überzeugendes Auftreten und Kommunizieren noch weitere förderliche Ansätze, Theorien und Modelle. Aufgrund der Einzigartigkeit und Komplexität jedes Menschen ist zudem stets eine individuelle Herangehensweise gefordert, die auch Sonderformen und Ausnahmen berücksichtigt. Dabei ist das Eingehen auf persönliche Stärken, Schwächen und Vorlieben von großer Bedeutung. Vor diesem Hintergrund sind gekonnte Vermittlung, klärende Reflexion, angeleitetes Üben und professionelles Feedback hilfreich.

Wenn Sie hierzu Interesse an einer Kontaktaufnahme, Seminaren, Coachings oder weiteren Leistungen haben, besuchen Sie einfach die Website:

www.rkkb.de